高效养兔技术

陈俊峰　夏风竹　编著

权威专家联合强力推荐　　专业·权威·实用

本书从兔的优良品种、高效繁殖、生态饲养、
兔舍的建设与高效管理、常见疾病防治
等方面进行了简明而又全面的介绍，
让您轻松掌握高效、生态的养兔技术，是您发家致富的好帮手。

河北科学技术出版社

图书在版编目(CIP)数据

高效养兔技术 / 陈俊峰，夏风竹编著. -- 石家庄 : 河北科学技术出版社，2013.12(2023.1 重印)

ISBN 978-7-5375-6539-4

Ⅰ. ①高… Ⅱ. ①陈… ②夏… Ⅲ. ①兔-饲养管理 Ⅳ. ①S829.1

中国版本图书馆 CIP 数据核字(2013)第 299534 号

高效养兔技术

陈俊峰　夏风竹　编著

出版发行　河北科学技术出版社
地　　址　石家庄市友谊北大街 330 号(邮编:050061)
印　　刷　三河市南阳印刷有限公司
开　　本　910×1280　1/32
印　　张　7
字　　数　140 千
版　　次　2014 年 2 月第 1 版
　　　　　2023 年 1 月第 2 次印刷
定　　价　25.80 元

Preface 序

推进社会主义新农村建设，是统筹城乡发展、构建和谐社会的重要部署，是加强农业生产、繁荣农村经济、富裕农民的重大举措。

那么，如何推进社会主义新农村建设？科技兴农是关键。现阶段，随着市场经济的发展和党的各项惠农政策的实施，广大农民的科技意识进一步增强，农民学科技、用科技的积极性空前高涨，科技致富已经成为我国农村发展的一种必然趋势。

当前科技发展日新月异，各项技术发展均取得了一定成绩，但因为技术复杂，又缺少管理人才和资金的投入等因素，致使许多农民朋友未能很好地掌握利用各种资源和技术，针对这种现状，多名专家精心编写了这套系列图书，为农民朋友们提供科学、先进、全面、实用、简易的致富新技术，让他们一看就懂，一学就会。

本系列图书内容丰富、技术先进，着重介绍了种植、养殖、职业技能中的主要管理环节、关键性技术和经验方法。本系列图书贴近农业生产、贴近农村生活、贴近农民需要，全面、系统、分类阐述农业先进实用技术，是广大农民朋友脱贫致富的好帮手！

中国农业大学教授、农业规划科学研究所所长
设施农业研究中心主任 张天柱

2013年11月

Foreword 前言

农业是国民经济的基础，是国家稳定的基石。党中央和国务院一贯重视农业的发展，把农业放在经济工作的首位。而发展农业生产，繁荣农村经济，必须依靠科技进步。为此，我们编写了这套系列图书，帮助农民发家致富，为科技兴农再做贡献。

本系列图书涵盖了种植业、养殖业、加工和服务业，门类齐全，技术方法先进，专业知识权威，既有种植、养殖新技术，又有致富新门路、职业技能训练等方方面面，科学性与实用性相结合，可操作性强，图文并茂，让农民朋友们轻轻松松地奔向致富路；同时培养造就有文化、懂技术、会经营的新型农民，增加农民收入，提升农民综合素质，推进社会主义新农村建设。

本系列图书的出版得到了中国农业产业经济发展协会高级顾问祁荣祥将军，中国农业大学教授、农业规划科学研究所所长、设施农业研究中心主任张天柱，中国农业大学动物科技学院教授、国家资深畜牧专家曹兵海，农业部课题专家组首席专家、内蒙古农业大学科技产业处处长张海明，山东农业大学林学院院长牟志美，中国农业大学副教授、团中央青农部农业专家张浩等有关领导、专家的热忱帮助，在此谨表谢意！

在本系列图书编写过程中，我们参考和引用了一些专家的文献资料，由于种种原因，未能与原作者取得联系，在此谨致深深的歉意。敬请原作者见到本书后及时与我们联系（联系邮箱：tengfeiwenhua@ sina. com），以便我们按国家有关规定支付稿酬并赠送样书。

由于我们水平所限，书中难免有不妥或错误之处，敬请读者朋友们指正！

编　者

CONTENTS
目 录

第三章　兔舍的环境与建筑设计

第四章　家兔的高效饲养与管理要求

第五章　家兔的高效育种技术

第六章 家兔常见疾病的预防与控制

第一章
养兔业概论

第一节 养兔业的发展意义

发展养兔业的重要意义

我国土地资源丰富，但可利用的耕地面积却很少，约占世界可耕地面积的7%，人口却占世界总人口的22%，人均占有量极少。目前，我国人均粮食占有量不足400千克，到20世纪末，虽然人口控制在了12.5亿，但是，人均拥有粮食量也依然没有超过400千克。我国粮食人均占有量远远落后于世界发达国家（表1-1）。

表1-1 人均占有谷物、豆类

国家	谷物（千克）	豆类（千克）
发达国家	758	13
发展中国家	255	4
中国	320	6
美国	1452	5
苏联	651	29
世界平均	380	10

发展畜牧业是解决我国粮食不足的好办法，而以单位面积生产力来看，家兔是生产能力较高的一种动物（表1-2）。

表1-2 不同作物的家畜单位面积生产力

项目	蛋白质［千克/（公顷·年）］	能量［兆焦/（公顷·年）］
玉　米	430	83700
马铃薯	420	100400
大　麦	370	62800
兔　（胴体）	180	7400
家禽（去骨肉）	92	4600
猪　（去骨肉）	50	7900
羔羊（去骨肉）	23～43	2100～5400
肉牛（去骨肉）	27	3100

因此，解决肉食品的一条捷径便是发展养兔业生产。

家兔体形小，性情温顺，易于管理，耳朵比较大并且血管明显，方便观察，易于血液的采集，在生理、医药、免疫、繁殖和生物工程等实验中得到广泛应用。

马、牛、羊、猪和家禽的养殖业是传统畜牧业。近年来养兔生产已成为现代畜牧业中不可缺少的行业。

兔毛、兔皮和兔肉有特殊的经济意义，因此养兔业在国内外越来越受重视。家兔是食草类动物，以青粗饲料为主要饲粮，适当喂食精料就可以。养兔业既不与人争粮食，也不与粮食争耕地，是典型的节粮型养殖业，容易解决饲料问题，饲养管理也比较简单方便。饲养方式多种多样，规模可大可小，可以工厂化、集约化生产，也可以小规模饲养，非常适合家庭养殖。发展养兔业，投资少，见效快，利润高，对于家庭来讲是一种较为理想的养殖生产。

兔肉的营养价值很高，具有高蛋白质、低脂肪、低胆固醇等营养特点，营养丰富，便于消化，是老人、儿童、年轻妇女和冠心病患者的良好选择。经济发达的国家，尤其是西欧的法国、意大利、西班牙等国，人均年消费兔肉达3~5千克。随着我国经济的发展和人民生活、消费习惯的改变，对兔肉的需求也将不断增长。

兔毛作为高级毛纺原料，其织成品具有轻、软、暖、美等特点，在国内外越来越受到人们的喜爱。兔皮用途广泛，可以制裘、制革，尤其是力克斯兔皮制成的裘皮服装、皮帽、皮背心、披肩、皮手套等具有很高的经济价值，在国际市场上非常畅销。兔胆、肝、脾、脑等经过加工提炼可入药，是非常好的生物药品原材料。

兔的粪尿是优质的有机肥料，一只成年兔年积粪便可达100~150千克，10只成年兔的积肥量和1头猪的积肥量一样多。兔粪中的氮、磷、钾含量比其他畜禽粪要高得多。据测算，100千克兔粪和10.84千克硫酸铵、1.79千克硫酸钾的肥效相当，而且兔肥可以使土壤结构得到改善，增加土壤的有机质，提高肥力。试验表明，施用过兔肥的土壤有机质含量能提高41.6%，含氮量能提高43.75%，土质和土壤结构明显改善。

我国养兔业的发展概况

我国养兔业发展历史悠久，据记载，远在先秦时代就已经有了养兔业，至今已经有2000多年的发展历史了。当时养兔的目的不是为了发展经济，而是为了宫廷的观赏。鸦片战争以后，中国结束了闭关锁国的时代，陆续引进了各种品种的家兔。当时国内饲养的品种主要有中国白兔和喜马拉雅兔等，后来还引进少量的安哥拉兔、青紫蓝兔和力克斯兔等。饲养规模是比较小的，主要是家庭养殖，一些小型养兔场在北京南郊和江、浙、沪等地建立。在半封建半殖民地社会和反动统治下，社会动荡不安，农民经营的养兔业始终得不到发展。

新中国成立以后，养兔业得到党和国家的重视，国家修建种兔场、引进兔种，养兔业得到了恢复和发展。我国出口兔毛自 1954 年开始，在 1956 年到 1985 年间出口约 5.4 万吨，共为国家换取 10 多亿美元的外汇。由此可见，兔毛具有非常重要的地位。

自 20 世纪 70 年代起，养兔学课程在我国各农业大专院校得到开设，养兔也不断被研究部门立为研究课题，各地建立起了各种养兔协会、养兔研究会。养兔科学技术得到了极大的普及与提高，养兔科学技术研究得到了迅速进展，使我国育成了哈白兔、塞北兔和粗毛型长毛兔等自己的品种；长毛兔的杂交改良使兔毛产量得到大幅度的提升；我国对兔病毒性出血症（兔瘟）的研究，在世界排名中地位遥遥领先；大面积推广家兔生产配套技术。此外，冻精技术、胚胎移植、试管兔等相继问世，生物工程技术在家兔研究中取得了巨大的成功。同时，我国也在不断地完善家兔产品，如兔毛、兔肉、兔皮的加工技术和设施。这一切，都是我国养兔生产进入新的历史时期的有力说明。

实践表明，在我国农村，尤其是贫困地区，要做到脱贫致富，大力发展养兔业生产是最重要的途径之一。党的十一届三中全会以后，我国迎来了发展家兔商品经济好的时期。由于家兔产品得不到合理的价格，兔产品加工在国内得不到好的消化，所以，兔产品在很大程度上依赖于国际市场。近年来，生产大起大落、市场购销秩序混乱和某些品种商品率不高、规模效益较低等问题在家兔产品生产经营中不断出现。据海关总署统计，2013 年上半年（1~6 月份），我国出口肉兔 7139.71 万吨，创汇 901.74 万美元，与上年同期相比，出口量下降 63.17%，创汇金额下降 73.07%。出口兔毛 2394.35

吨，创汇 2466.15 万美元，与上年同期相比，出口量下降 9.64%。尽管如此，养兔生产在我国仍是值得鼓励发展的一项事业。随着养兔生产对人类的重要性深入人心，国人对养兔业的了解越来越多，我国养兔生产肯定会得到进一步的发展。

第二节 养兔业高效持续发展要解决的问题

注重规模化与产业化开发问题

与养其他畜禽相比养兔具有较高的经济效益，要获得一定的经济效益，就应有适度的养殖规模，以弥补家兔的单位效益有限的情况，经营者根据具体条件来定规模的大小。不同品种，规模是不一样的，例如毛兔，基础母兔应在 50 只以上，而獭兔在 100 只以上，肉兔在 300 只以上，要使兔产品有市场保障，这些中小规模兔场与公司（合作社）要形成伙伴关系。近年来，随着养兔业的不断发展，基础母兔达到数千只的规模兔场非常常见，上万只的基础母兔的兔场也屡见不鲜。兔场不论规模大小，相应的配套设施、技术力量和管理水平是必不可少的。因此实行规模化养殖应具备以下条件：

场舍建设：地势高燥、向阳背风、排水容易的地方是兔舍建设的较好选择；应将场舍内的生活管理区、生产区、防疫隔离区严格区分开；兔舍建筑要符合建筑基本参数，使粪污清扫、冲洗、消毒和无害化处理能方便进行，并使舍内既有利于气体交换又防暑防寒。同时合理布局场内设施，要根据当地主风向，将生活区、生产区、隔离区排列好。

环境控制：养兔业的环境包括外环境和内环境，外环境就是兔场建设的选址，兔场应该建在无污染特别是无化学污染和无有机污染的地方（远离屠宰场、人口密集地区、畜禽加工厂、交通要道）；内环境要选择能有效控制兔舍内湿度、温度、通风、光照、有害气体、噪声和致病微生物等的地方。

种兔质量：规模化养兔成功的关键是种兔质量高。应选用优良品种作为种兔品种，规模化养兔的大忌是不注意种兔质量的做法。

饲料质量：应做到青粗饲料的自产自供，避免使用高毒、高残留农药，使用的有机肥要经过无害化处理。应保证对精料、饲料添加剂预混料的质量把控，绝对不能用霉烂变质的饲料来喂兔。违禁药物不要使用。

技术力量：规模化养殖要求有一批训练有素的饲养员、技术员乃至管理人员，他们要精通技术，善于管理，要有良好的敬业精神和职业道德。技术措施的具体执行者应是专业的饲养人员。

对家兔的毛、皮、肉等产品，中国人消费很少，因此，我国是养兔大国却不是兔产品消费大国，这些兔产品主要用于出口。国内养兔生产发展的决定性因素是国际市场的变化，另外，我国在“生产（养殖）—加工—消费”链条中的重要环节是加工。我国长期以来的兔产品主要用于原料出口，不仅经济效益低下，而且抵御市场风险的能力也很低。我国对兔产品加工工艺和关键技术至今还没有突破，因此，我们要搞产业化开发，使我国养兔业能够得到健康发展，而且还要提高兔产品的加工技术，实现“小兔子，大产业”。要做到这些，政府就要做好政策、资金方面的扶持工作，科技人员要做好技术方面的攻关协同工作，广大媒体要进行全面的宣传和引导。

绿色养殖，注重养殖保健问题

家兔赖以生存的基本条件有环境（空气、土壤）、饲料、饮水等，因此家兔的生活环境应该是无污染的；饮用水应是符合饮用水标准的自来水或井水，使用的饲料添加剂中也禁止有违禁药品、激素和超标重金属等。因此建议养兔业主自己种植饲草，要生产出没有高毒、高残留农药（有机氯、有机磷）和有毒元素制剂的饲草。要全面掌握采购饲料的信息，买信誉好的企业生产出来的精料。

家兔对疾病的抵抗能力较差，兔病会对发展养兔业造成很坏的影响。“防重于治”是一直要遵守的真理，对发展养兔业来说更是如此。因此，要做好以下几点：在规模化养殖情况下，要对环境严格要求，如通风、湿度、温度、噪声、光照、有害气体和致病微生物等；要重视家兔的营养水平、饲料品质和饮水卫生，这是家兔健康成长的重要保证。

第二章
家兔的不同种类及特点

第一节 家兔的品种分类方法

一、家兔在动物学上的分类

科学家根据家兔的起源、生物学特性与头骨的解剖特征等，把饲养的家兔从动物分类学上分类为：动物界、脊索动物门、脊椎动物亚门、哺乳纲、兔形目、兔科、兔亚科、穴兔属、穴兔种、家兔变种。

现在人们饲养的各种家兔，都是野兔经过驯化和培育得来的。在分类学上，野兔被人们分为两类：一类被称为穴兔类，另一类被称为旷兔或兔类。据考证，分布在我国各地的 9 种野兔都是旷兔类，其种类和地理分布状况如表 2-1 所示：

表 2-1　我国野兔的种类及其地理分布（√代表分布所在地）

种　类	蒙新区	东北区	华北区	青藏区	西南区	华中区	华南区
雪兔	√	√					
东北兔		√					
东北黑兔							
华南兔						√	√
草兔	√	√	√		√	√	
塔里术兔	√						
高原兔				√			
西南兔					√		
海南兔							√

按培育过程分类

依据培育过程，家兔可分为育成品种、地方品种和过渡品种。

按照培育过程给家兔划分品种类型，是为了强调人工选择和自然选择的不同作用。育成品种可以说明人工选择的作用比自然选择的作用要大，地方品种在培育的过程中，自然选择所起的作用比人工选择的作用更大。不管哪一品种的培育都离不开自然选择和人工选择的共同作用，都是在特定的环境条件下培育出来的。不同品种的优点或缺点，也都是相对存在的。

按经济用途分类

根据经济用途分类，家兔可分为皮用、毛用、观赏用、实验用、肉用和兼用型 6 种类型。

按照经济用途给家兔分类只是相对的。每种家兔都是以其中一种用途为主，多种用途并存的。当它的某一种作用（如肉用）被充分地开发利用，而其他性状没有得到充分开发利用时，我们把它称为某种（如肉用）兔，当它的其他的性状（如药用价值）得到开发利用，并且其经济价值超过了原来的价值（如肉用）时，我们可能又将其划分为另一种类型。

按体重分类

按照家兔的成年体重，可将家兔划分为大型、中型、小型和微型 4 种类型。

根据成年兔体重的大小划分家兔的类型也是相对的。比如，有的大型品种兔的体重也达不到大型兔体重的标准，中型品种的家兔也有达到大型兔的体重的个体；在饲养条件较好的情况下，家兔的体重普遍会增加，而如果长期营养不良，家兔的生长发育将会受阻，体重也会达不到该类型的标准体重。

按被毛长度分类

按照被毛长短，家兔可被划分为长毛型、标准毛型和短毛型。

标准毛类型：其毛纤维长度不长不短，一般在 3~3.5 厘米，平均长 3.3 厘米左右；粗毛与细毛的长度差距较大，粗毛比较长，一般在 3.5 厘米左右，细毛比较短，一般在 2.2 厘米左右；在整个被毛中粗毛所占比例大。常见的家兔品种大多属于此类型，例如所有的肉用兔、肉皮兼用兔等。

长毛类型：其毛纤维长，成熟毛的长度达到 10 厘米以上；被毛生长速度很快，一年可以剪多次毛；被毛中枪毛较少，绒毛较多。

例如安哥拉兔等。

短毛类型：其毛纤维短、直立、密度大，毛纤维长度一般为1.3~2.2厘米；粗毛和细毛几乎是相等长度的，被毛平齐，粗毛不出锋；粗毛率低，占绝对优势的主要是绒毛。目前，属于这种被毛类型的只有力克斯兔。

第二节 常见的皮用兔品种

力克斯兔

力克斯兔以皮用著称，是1919年在法国普通兔中出现的突变种培育而成的。

体形外貌：被毛短、柔软而浓密、直立，粗毛和细毛的长度几乎相等，枪毛少而且在被毛上不明显，被毛标准长度为1.3~2.2厘米，最为理想的长度为1.6厘米；眉毛和胡须都细软而且弯曲；头清秀，眼睛大且突出，耳朵长度中等，肉髯小；体形不大不小，结构匀称，身体后部丰满，腹部紧凑，成年兔体重3.5~4.0千克。力克斯兔的毛皮与水獭相似，因此我国又称其为“獭兔”。

生产性能：毛皮质量高而且具有绢丝光泽，不会因为日晒而褪色，具有很强的保暖性；具有较好的产肉性能，肉的质量优良；繁殖能力中等，年均产4~5胎，胎均产崽6~7只。

力克斯兔适应性差，易感染球虫病、巴氏分枝杆菌病、疥癣病等疾病，因此对饲养管理条件要求较高。如果没有恰当的饲养管理，对其生产性能具有明显影响，枪毛会增多，被毛会变长，体形会变小，繁殖力将会下降。

近几年来，我国先后从美国、德国和法国引进较多的力克斯兔品种。在习惯上我们将其分别称为美系、德系和法系。这3种力克斯兔在生产性能方面和外貌特征上具有一定的差异。

美系獭兔

我国多次从美国引进獭兔，由于引进的年代和地区不同，特别是国内不同兔场饲养管理和选育手段的不同，美系獭兔的个体差异较大。其基本特征如下：头小嘴尖，眼大而圆，耳长中等、直立、转动灵活；颈部稍长，肉髯明显；胸部较窄，腹腔发达，背腰略呈弓形，臀部发达，肌肉丰满；毛色类型较多，美国国家承认的有14种，我国引进的以白色为主。根据对北京市朝阳区绿野芳洲牧业公司种兔场300多只美系獭兔的测定，成年体重3605.03克±469.12克，体长39.55厘米± 2.37厘米，胸围37.22厘米±2.38厘米，头长10.43厘米±0.74厘米，头宽11.45厘米±0.69厘米，耳长10.43厘米±0.76厘米，耳宽5.95厘米±0.56厘米；繁殖力较强，年可繁殖4~6胎，胎均产崽数8.7只±1.79只，断乳存活7.5只±1.5只；初生体重45~55克；母兔的泌乳力较强，母性好；小兔30天断乳个体重400~550克，5月龄时重2.5千克以上，在良好的饲养条件下，4月龄即可达到2.5千克以上。美系獭兔的被毛品质好，粗毛率低，被毛密度较大。据测定，5月龄商品兔每平方厘米被毛密度在13000

根左右（背中部），最高可达到18000根以上。与其他品系比较，美系獭兔适应性好，抗病力强，繁殖力高，容易饲养；其缺点是群体参差不齐，平均体重较小，一些地方的美系獭兔退化较严重，应引起足够的重视。

德系獭兔

德系獭兔于1997年由北京万山公司从德国引进，主要投放在河北省滦平县境内饲养、繁育和保种。经过这些年的饲养观察和风土驯化，该品系基本适应了我国的气候条件和饲养条件，表现良好。具有体大型大，被毛丰厚、平整、弹性好，遗传性稳定和皮肉兼用的特点。外貌特征为体大粗重，头方嘴圆，尤其是公兔更加明显；耳厚而大，四肢粗壮有力，全身结构匀称。胎均产崽数6.8只，初生个体重54.7克，平均妊娠期32天。早期生长速度快，6月龄平均体重4.1千克，成年体重在4.5千克左右。其主要体尺见表2-2。

表2-2　德系獭兔主要体尺（厘米）

性别	胸围	体长	头宽	耳长	耳宽	毛长
公兔	31.1	47.3	5.6	11.28	5.94	2.07
母兔	30.93	48	5.43	11.00	2.14	2.14

据试验，以德系獭兔为父本，以美系獭兔为母本，进行杂交，生产性能有较大幅度的提高。杂交二代的生产性能和外貌特征与德系纯种接近：平均产崽数6.4只，仔兔初生重53.7克，平均妊娠期32天。主要体尺（厘米）：胸围31，体长46.7，头宽5.3，耳长11.2，耳宽5.7，毛长1.99。30日龄断乳个体重500克以上，110日龄体重2311克。引入其他地区后，表现良好。特别是与美系獭兔杂交，对于提高生长速度、被毛品质和完善体形有很大的促进作用。但是，该品系的繁殖力较低，其适应性还有待于进一步驯化。

法系獭兔

獭兔原产法国。但是，今天的法系獭兔与原始培育出来的獭兔已有很大的差异。经过几十年的选育，法系獭兔取得了较大的遗传进展。1998 年 11 月，山东省荣成玉兔牧业公司从法国引入法系獭兔。其主要特征特性如下：

体形外貌：体形较大，躯体呈长方形，胸宽深，背宽平，四肢粗壮；头圆颈粗，嘴巴平齐，无明显肉髯；耳朵短，耳壳厚，呈 V 字形上举；眉须弯曲，被毛浓密平齐，分布较均匀，粗毛比例小，毛纤维长 1.6~1.8 厘米。

生长发育：生长发育快，饲料报酬高。测定结果见表 2-3。

表 2-3　法系獭兔生长发育统计

月龄	1	2	3	4	5	6	成年
体重（克）	650	1740	2460	3160	3850	4470	4850
体长（厘米）	29	40	43	49	51	53	54
胸围（厘米）	24	29	32	35.5	39.5	40	41
耳长（厘米）	7.6	9	9.8	10.2	10.5	11	11.5
耳宽（厘米）	3.5	4	4.6	5	5.4	5.8	6.2

繁殖性能：初配时间公兔 25~26 周，母兔 23~24 周，分娩率 80%，胎产活仔数 8.5 只，每胎断奶仔兔数 7.8 只，断奶成活率 91.76%，断奶至 3 月龄死亡率 5%，胎均出栏数 7.3 只，母兔每年出栏商品兔数 42 只，仔兔 21 天窝重 2850 克，35 日龄断奶个体重 800 克。母兔的母性良好，护仔能力强，泌乳量大。

商品质量：商品獭兔出栏为 5~5.5 月龄，出栏体重 3.8~4.2 千克，皮张面积 1333 平方厘米以上，被毛质量好，95%以上达到一级皮标准。

第三节 常见的毛用兔品种

长毛兔

长毛兔原产小亚细亚半岛，是一个古老的品种。长毛兔是我国人民对毛用兔的俗称，世界上统称为“安哥拉兔”。安哥拉兔是世界著名的毛用兔品种，最初形成的安哥拉兔体形不大，产毛量不高，只作为宫廷和贵族观赏动物。安哥拉长毛兔最早引入法国和英国，形成了法、英两个品系，对世界毛用兔的发展起到了推动作用。由于长毛兔产品具有较高的使用价值，长毛兔很快被其他国家引进。经不同国家的育种专家以不同的育种手段和向不同方向的定向培育，长毛兔形成了各具特色的类群。它们不仅在体形、外貌上各具特点，而且产毛量相差悬殊，毛色上也由单一的白色变得丰富多彩。美国家兔育种者协会上确定的颜色就有白、黑、蓝、栗、红、巧克力、紫丁香、鼠灰、青紫蓝色等，计 33 种之多。

最为普遍的毛色是白色。白色长毛兔在遗传上属于白化基因的纯合，其眼睛为粉红色。不同品种的生产性能差异较大，年产毛量低者 250 克，高者达 1000~2000 克。性情温顺，容易饲养，繁殖力比较强，适应性好。但由于其产品是长而柔软的兔毛，在管理方面要求非常精细，如需要清洁的笼具、干爽的环境、优质的饲料和全价的营养等。长毛兔是普通兔毛基因突变的产物，因此，世界上所有的长毛兔都属于一个品种。当长毛兔引入各个国家和地区后被培育成各具特色的长毛兔，这些在体形、外貌以及血缘上有差异的兔群就被称为品系。例如英国的长毛兔称为英系安哥拉兔，法国的长毛兔称为法系安哥拉兔，等等。长毛兔的被毛纤维可以分为细毛、粗毛和两型毛 3 种，由于粗毛的广泛用途和较高的价格，粗毛型长毛兔备受青睐。习惯上，人们把被毛中的粗毛率在 10%以下的称作细毛型长毛兔，而将 10%以上的称为粗毛型长毛兔。

法系安哥拉兔

法系安哥拉兔体形较大，骨骼较粗重，成年体重 3. 5 ~ 4 千克，体长 43 ~ 46 厘米，胸围 35 ~ 37 厘米。头部稍尖削，面长鼻高，耳大而薄，耳尖、耳背无长毛，俗称“光板”，额毛、颊毛和脚毛均为短毛，腹毛也较短，被毛密度差，枪毛含量高，不易缠结；毛长 10 ~ 13 厘米，最长可达到 17. 8 厘米，毛质较粗硬；繁殖力较强，年产崽 3 ~ 4 胎，每胎产崽 6 ~ 8 只，母兔泌乳力较高，对环境的适应性强，较耐粗饲；年产毛量 800 ~ 1000 克，目前优秀者可达到 1200 克以上，粗毛率 15%以上，人们称其为“新法系”安哥拉，以示与原法系的区别。法系安哥拉长毛兔属于粗毛型，其被毛适于纺线和做粗纺原料。1980 年以来，我国引入了一些法系安哥拉长毛兔，产毛量高，兔毛粗毛率高，适应性、抗病力、耐粗性和繁殖力都较强，这对改良我国的长毛兔以及粗毛型新品系的育成起到重大作用。

英系安哥拉兔

英系安哥拉兔体形中等偏小，体躯短，胸部和肩部丰满，全身被有蓬松的绒毛，整个身躯像一个毛茸茸的圆球。头较圆，鼻端缩入，耳小而薄，耳尖有一撮毛；额毛、颊毛、四肢及趾间毛也较长；毛纤细柔软，被毛密度较小，毛长时以背脊为界自然分开向两边披下，粗毛含量少，粗毛率2%~5%，产毛量低。成年体重2.5~3千克，高者3.5~4千克，体长42~45厘米，胸围33~35厘米；年产毛量250~400克，毛长10~11厘米；繁殖力一般，年产4~5胎，每胎产崽4~5只，高者达6~8只。但体质较弱，抗病力较差。英系安哥拉兔在我国长毛兔的培育过程中发挥了一定作用。但由于其产毛量低，粗毛率低和抗病力低等，纯种的英系安哥拉兔已基本灭绝。

德系安哥拉兔

德系安哥拉兔是世界上产毛量最高和毛质量最好的品系之一。其体形、外貌不尽一致，主要表现在头形上：头有圆形和长形；面部被毛较短，额毛、颊毛有少量者也有丰盛者。此种兔子耳尖有一撮毛，四肢、脚部、腹部被毛都较浓密；两耳中等偏大、直立；体形较大，成年体重3.75~4.5千克，有的高达5千克以上。属细毛型长毛兔，被毛浓密，有毛丛结构，毛纤维有波浪形弯曲，毛品质好，不易缠结；产毛量高，是安哥拉兔中产毛性能较为优良的一个类群。据德国种兔测定站测定，成年公兔平均年产毛量1190克，最高达到1720克；成年母兔平均年产毛量为1406克，最高达2036克。我国引入的德系安哥拉兔平均年产毛量为800~1000克，高者达1600克。

繁殖力和生长潜力较大，年繁殖3~4胎，胎均产崽6~8只，42天断奶个体重900~950克。但该兔适应性、生活力、抗病力均较差，对饲养管理条件要求较高。我国1978年引入该兔，开始时该兔对我国环境条件的适应性较差，夏季和秋季不易受胎，年产崽2~3胎，一般受胎率较低，仅50%左右。母性较差，死仔率较高，为7%~14%。经过十几年的风土驯化和选育，产毛性能、繁殖性能、适应性等均有很大提高，对改良中系安哥拉兔起了重要作用。

日系安哥拉兔

日系安哥拉兔头呈方形，额、颊、两耳外侧及耳尖着生长毛，额毛有明显分界，呈“刘海状”；体形中等，成年体重3~4千克。被毛较细，枪毛比例较少，一般为5%~10%。年产毛量500~800克，高者达1000克。繁殖力强，年产3~4胎，平均每胎产崽8~9只，母性强，泌乳力高，较耐粗饲。我国于1976年引进日系安哥拉兔，饲养于江苏、浙江一带，不过由于受到德系安哥拉兔的冲击，后在我国分布不广。

中系安哥拉兔

中系安哥拉兔是我国江浙一带群众在利用19世纪引进的英、法两系安哥拉兔杂交的基础上，导入中国白兔的血液，经过长期选育而形成。其类群较多，外形差异较大。它的代表类型是“全耳毛”“狮子头”。全耳毛兔周身如球（侧面看外观似毛球），双耳如剪，两眼如珠，脚如虎爪；头毛丰盛，耳毛浓密，背毛腹毛齐全。体形较小，成兔体重2.5~3千克，体长40~44厘米，胸围29~35厘米，体毛柔软，枪毛含量很低，绒毛细，被毛结块率高，一般为15%左右，以公兔为甚。年产毛量低，一般为250~350克，高者也可达到500克。适应性强，耐粗饲，性成熟早，4月龄性成熟，繁殖力强，年产3~4胎，胎均产崽7~8只，高者可达11只。母性好，仔兔成活率高。该品系的适应性、抗病力和耐粗饲能力较强，但体形小、生长慢和产毛量低。为了提高全耳毛兔的产毛量，增大体形并保持其优点，1982年，南京农业大学对全耳毛兔进行本品种选育，经过3年多的工作，取得了较明显的效果，成兔体重达3千克以上，年产毛量达500克以上。由于德系安哥拉兔的引进和推广，纯种全耳毛兔已越来越少，几乎绝迹。

我国的粗毛型安哥拉兔

20世纪80年代中期以来，粗毛率15%以上的兔毛在国际市场上一直供不应求，价格较高。为适应这种形势，我国有关单位开始选育自己的粗毛型长毛兔。我国的粗毛型长毛兔主要有：

苏系粗毛型长毛兔　由江苏省农业科学院畜牧兽医研究所选育而成。在德系安哥拉兔选育的基础上，导入粗毛率高的新西兰白兔、德国SAB兔和法系安哥拉兔等品种的血液，经过8年的培育，使其遗传性状已基本稳定。其生产性能为：平均产活仔数7.29只，21天泌乳力2082克，42日龄断奶个体重达1080克，11月龄体重达4400克，粗毛率达15.56%，年产毛量达880克，均超过原定选育指标。

浙系粗毛型长毛兔　由浙江省农业科学院和新昌县长毛兔研究所等单位用法系安哥拉兔和德系安哥拉兔进行系间杂交、横交继代选育而成。该兔既具有德系兔产毛量高、生长发育快、体形大的特点，又具有法系兔粗毛含量高、适应性和抗病力强的特点。主要生产性能为：年产

毛量960克，粗毛率16%，繁殖性能明显比德系兔强，胎产崽数7.3只，产活仔数6.8只，21天泌乳量1755克，断奶成活率90.5%，成兔体重4千克。

皖系粗毛型长毛兔　利用皖系长毛兔群中粗毛率较高的个体组建零世代基础群，采用继代选育的方法系统选育而成。主要生产性能为：粗毛率（含两型毛）13.69%，一次剪毛量（91天）206.53克，折年产毛量826.12克，成年体重3914.68克，产活仔6.62只。

巨高长毛兔

随着兔毛产业的发展，毛兔育种工作进入了新的历史阶段。为了提高产毛量和毛的品质，在我国南部几个省市，尤其是浙江省的一些县市，培育出一些巨型高产长毛兔，简称巨高长毛兔。全国家兔育种委员会于2000年10~12月对浙江省宁波市镇海种兔场培育的巨高毛兔进行了部分生产性能测定，实测数量1000只，其中母兔800只，公兔200只，养毛期73天。结果如下：公兔平均实测产毛量343克（最高个体495克），平均估测年产毛量1715（最高个体2475克），平均体重5111克（最高个体6250克）。母兔平均实测产毛量388克（最高个体591克），平均估测年产毛量1940克（最高个体2955克），平均体重5197克（最高个体6750克）。2004年3~4月，浙江新昌、镇海、嵊州相继举行了长毛兔比赛。均参照原全国家兔育种委员会制定的“长毛兔比赛办法”，对兔毛进行了严格的水分测定，并将兔毛的含水率统一校正为标准含水率，其结果令人兴奋。其结果见表2-4。

表 2-4 浙江新昌、镇海、嵊州长毛兔兔毛比赛成绩总汇

项目		新昌	镇海	嵊州
养毛期(天)		73	73	73
参赛数量(只)	公	26	40	31
	母	49	28	109
一次产毛量(克)	公	489.4(364.4~657.9)	481.9(389.6~611.3)	489.5(357.8~596.4)
	母	601.1(417.5~820.5)	627.9(488.5~835.8)	595.9(383.8~945.6)
体重(克)	公	5428(4475~6600)	5236(4300~7000)	5257(4365~6547)
	母	5910(4440~7330)	5588(4300~6800)	5513(4200~7140)
产毛率(%)	公	49.5(34.2~65.0)	51.0(37.1~71.8)	52.0(33.8~68.8)
	母	57.9(36.1~112.8)	64.1(50.8~89.0)	61.3(36.0~101.0)
净毛含水率(%)	公	14.54(11.61~20.00)	14.56(12.70~18.55)	13.82(10.75~19.54)
	母	13.97(11.15~18.45)	14.74(12.60~18.47)	13.63(11.58~20.14)

注:①一次减毛量已校正为标准含水率(15%);②体重系剪毛前体重;③产毛率计算公式:73天养毛期一次剪毛量×5/剪毛后体重×100;④镇海比赛剪毛当天为阴雨天。

2005年3月8~9日，专家对由新昌县长毛兔研究所承担的“浙系新昌长毛兔良种选育及配套技术研究”课题之核心兔群产毛量进行验收工作。本次测定基本参照原全国家兔育种委员会制定的“长毛兔比赛办法”，养毛期为73天，共有593只核心群兔参加测定，精确测量每只兔子的体重和兔毛产量，兔毛含水率采用“长毛兔比赛办法”指定的快速水分测定仪测定。兔毛含水率统一校正为标准含水率15%。经测定，194只公兔平均体重5064克，最大体重6600克，平均产毛量为几百克，其中前100名平均产毛量516.9克，最高产毛量626.9克；399只母兔平均体重5437克，最大体重7060克，平均产毛量556.1克，最高产毛量810.8克。该核心群兔体形大，产毛量高，属巨型高产长毛兔群体，其种质水平达世界领先地位，受到专家的高度评价。

第四节 常见的肉用兔品种

中国白兔

中国白兔是我国劳动人民长期培育和饲养的一个古老的地方品种，全国各地均有饲养，但以四川等省份饲养较多。中国白兔以白色（红眼）者居多，兼有土黄、麻黑、黑色和灰色等；中国白兔主要供作肉用，故又称中国菜兔。

体形外貌：体形小，成兔体重2.0~2.5千克，体长35~40厘米。全身结构紧凑而匀称，头清秀，嘴较尖，耳短小、直立，被毛洁白而紧密，眼睛红色。

生产性能：性成熟较早，3~4月龄就可用于繁殖。繁殖力较强，母性好，母兔乳头5~6对，胎均产崽7~9只，年产崽5~6胎。适应性好，耐粗饲，抗病力强。皮板较厚、富有韧性，质地优良，但皮张面积较小。肉质鲜嫩、味美，是制作缠丝兔等兔肉食品的上等原料。

日本大耳白兔

日本白兔原产日本，由中国白兔和日本兔杂交选育而成，在培育过程中特别注意了对耳朵的选择，又称日本大耳白兔。

体形外貌：体形中等，成兔体重4~5千克，体长49.0~54.2厘米，胸围28.6~33.0厘米。白毛红眼；头尖削，耳大直立，耳壳薄，耳根细，耳端尖，形似柳叶；躯体较长，棱角突出，肌肉不够丰满。母兔颌下肉髯发达。

生产性能：早熟，繁殖性能好，产崽数多，母性好，泌乳量高。年繁殖5~7胎，平均胎产8~10只，是良好的保姆兔或杂交母本。耳朵长大。平均耳长12~14厘米，耳宽7~8厘米。耳壳薄，血管清晰，适于注射和采血，是理想的实验用兔。被毛浓密而柔软，皮张面积大，质地良好，是较好的皮肉兼用兔。适应性强，耐粗饲，适于农村家庭粗放管理。产肉性能一般。早期生长发育较慢。3月龄体重1.49~1.92千克，4月龄屠宰率48.84%。

与现代肉用兔相比，早期生长速度略显不足。骨骼较大，出肉率较低。日本大耳白兔在我国各地均有饲养，由于缺乏系统选育，退化较严重。

青紫蓝兔

青紫蓝兔原产法国，因其毛色很像产于南美洲的珍贵毛皮兽青紫蓝绒鼠而得名。青紫蓝兔被毛蓝灰色，每根毛纤维自基部向上分为5段不同的颜色，即深灰色—乳白色—珠灰色—雪白色—黑色，在微风吹动下，其被毛呈现彩色漩涡，轮转遍体，甚为美观。耳尖及尾面黑色，眼圈、尾底及腹部白色，腹毛基部淡灰色。青紫蓝兔外貌匀称，头适中，颜面较长，嘴钝圆，耳中等、直立而稍向两侧倾斜，眼圆大，呈茶褐或蓝色，体质健壮，四肢粗大。世界公认的青紫蓝兔有标准型青紫蓝兔、美国型青紫蓝兔和巨型青紫蓝兔。

标准型青紫蓝兔：采用复杂育成杂交方法选育而成，参与杂交的亲本有喜马拉雅兔、灰色嘎伦兔和蓝色贝韦伦兔等品种。体形小而紧凑，耳短直立，公、母兔均无肉髯，成年母兔体重 2.7~3.6 千克，公兔 2.5~3.4 千克。被毛呈蓝灰色，有黑白相间的波浪纹，耳尖、尾面为黑色，眼圈、尾底、腹下、四肢内侧和颈后三角区的毛色较浅，呈灰白色。性情温顺，毛皮品质好，生长速度慢，产肉性能差，偏向于皮用兔品种。

美国型青紫蓝兔：1919 年，美国从英国引进标准型青紫蓝兔进一步选育而成。被毛呈蓝灰色，较标准型浅，且无明显的黑白相间的波浪纹。体形中等，体质结实，成年母兔体重 4.5~5.4 千克，公兔 4.1~5 千克。母兔有肉髯而公兔没有。繁殖性能好，生长发育较快，属于皮肉兼用品种。

巨型青紫蓝兔：用弗朗德巨兔与标准型青紫蓝兔杂交选育而成。被毛较美国型浅，无黑白相间波浪纹。公、母兔均有较大的肉髯。耳朵较长，有的一耳竖立，一耳下垂。体形较大，肌肉丰满，早期生长发育较慢，成年母兔体重 5.9~7.3 千克，公兔 5.4~6.8 千克，是偏于肉用的巨型品种。

青紫蓝兔耐粗饲，适应性强，皮板厚实，毛色华丽，在历史上曾引起几次世界性饲养热潮。其繁殖力高，泌乳力好，初生仔兔平均重 45 克，高的可达 55 克，40 天断奶重 0.9~1 千克，3 月龄重 2.2~2.3 千克。青紫蓝兔引入我国已半个多世纪，完全适应我国气候条件，深受欢迎，分布较广。3 种类型在我国均有饲养，其中以标准型最多。经我国风土驯化和精心选育，其除了主要优点有所保留，已与原品种有所不同。

弗朗德巨兔

弗朗德巨兔起源于比利时北部弗朗德一带，广泛分布于欧洲各国，但被人们长期当成比利时兔，直至20世纪初，才正式定名为弗朗德巨兔。该兔是最早、最著名和体形最大的肉用型品种。

体形外貌：体形大，结构匀称，骨骼粗重，背部宽平；依毛色不同分为钢灰色、黑灰色、黑色、蓝色、白色、浅黄色和浅褐色7个品系。美国弗朗德巨兔多为钢灰色，体形稍小，背偏平，成年体母兔重5.9千克，公兔6.4千克；英国弗朗德巨兔成年母兔6.8千克，公兔5.9千克；法国弗朗德巨兔成年母兔6.8千克，公兔7.7千克。白色弗朗德巨兔为白毛红眼，头耳较大，被毛浓密，富有光泽，黑色弗朗德巨兔眼为黑色。

生产性能：弗朗德巨兔参与了很多大型兔种的育成过程。繁殖力低，成熟较迟。产肉性能好，肉质优良。

弗朗德巨兔适应性强，耐粗饲，体形大，生长速度快，与地方品种杂交效果好，受到养殖爱好者的喜爱。但其不足之处是繁殖力低，成熟较晚，遗传性不稳定。在其后代中可分化出不同毛色的个体，出生仔兔体重的均匀性较差，该品种在我国东北、华北地区均有饲养。

比利时兔

比利时兔是一个古老的品种，据说是英国育种学家用原产比利时贝韦伦一带的野生穴兔培育而成。

体形外貌：被毛棕褐色，单根毛纤维分段着色，两端色深，中间色浅，眼黑色，耳大直立，耳尖有光亮的黑色毛边，额宽圆，头形似“马头”，颈粗短，公、母兔均有肉髯但不发达；后躯较高，四肢粗大，体质结实，体格健壮，体长而清秀，腿长，体躯离地面较高，被誉为兔族中的“竞走马”，酷似野兔。成兔体重中型2.7~4.1千克，大型5.5~6千克。

生产性能：生长速度较快，肉质较好，屠宰率52%左右。遗传性稳定，适应性强，泌乳力高。繁殖性能差，不耐频密繁殖。笼养时易患脚皮炎。

垂耳兔

垂耳兔两耳长大下垂，头形似公羊，故又称公羊兔。据报道，该兔首先出自北非，后输入法国、比利时、荷兰、英国和德国。由于引入国选育方式不同，形成了不同特色的垂耳兔。最著名的有法系、英系和德系等的垂耳兔。我国于1975年引入法系垂耳兔，特点如下：

体形外貌：毛色多为黄褐色，也有白色、黑色等；前额、鼻梁突出，两耳长大下垂；公、母兔均有较大肉髯；体形大，体质疏松，成兔体重5~8千克。

生产性能：适应性强，较耐粗饲。性情温顺，反应迟钝，不喜活动。早期生长快，初生兔重80克，比中国家兔重1倍；40天断奶体重0.85~1.1千克，90天平均体重2.5~2.75千克。但由于皮松骨大，出肉率不高，肉质较差。繁殖性能差，受胎率低，胎均产崽5~8只，母兔育崽能力差。笼养时易患脚皮炎。

该兔的最大优点是性情温顺，不易应激，容易饲养，较耐粗饲，生长速度快。与其他家兔杂交有较好的杂种优势。其最大缺点是繁殖力低，不耐受频密繁殖。目前在我国，纯种的公羊兔已不多见。

新西兰兔

新西兰兔原产美国，是近代世界最著名的肉兔品种之一，也是常用的实验兔，广泛分布于世界各地。由弗朗德兔、美国白兔和安哥拉兔等杂交选育而成，有白色、红色和黑色 3 个变种。红色新西兰兔约在 1912 年前后于美国加利福尼亚州和印第安纳州同时出现，是用比利时兔和另一种白色兔杂交选育而成。由于其貌与原产于新西兰国家的一种家兔相似，故称作新西兰兔。黑色新西兰兔出现较晚，是在美国东部和加利福尼亚州用包括青紫蓝兔在内的几个品种杂交选育而成，它们之间没有遗传关系。而生产性能以白色为最高。我国多次从美国及其他国家引进该品种，均为白色变种，表现良好，深受我国各地养殖者欢迎。

体形外貌：被毛纯白，眼球呈粉红色，头宽圆而粗短，耳朵短小、宽厚、直立，颈短粗，肩宽，颈肩结合良好，腰肋肌肉丰满，后躯发达，臀圆，具有典型的肉用兔体形。四肢健壮有力，脚毛丰厚，可有效预防脚皮炎，适于笼养方式。成年母兔体重 4.0~5.0 千克，公兔 4.0~4.5 千克，属于中型肉用品种。

生产性能：早期生长发育速度快，饲料利用率高，肉质好。在良好的饲养管理条件下，8 周龄体重可达到 1.8 千克，10 周龄体重可达 2.3 千克，饲料报酬 3.0：1~3.2：1，屠宰率 52%~55%，肉质细嫩。适应性强，繁殖率高，年产 5 胎以上，胎均产崽 7~9 只。

新西兰兔在我国分布较广。据观察，其适应性和抗病力较强，饲料利用率和屠宰率高，性情温顺，易于饲养。在高营养条件下有较大的生产潜力，而耐频密繁殖、抗脚皮炎能力是其他品种难以与之相比的。适于集约化笼养，是良好的杂交亲本。

加利福尼亚兔

加利福尼亚兔原产美国加利福尼亚州，又称加州兔。育成时间稍晚于新西兰白兔，用喜马拉雅兔和青紫蓝兔杂交，从表现青紫蓝毛色的杂种兔中选出公兔，再与白色新西兰母兔交配，选择喜马拉雅毛色兔横交固定进一步选育而成。

体形外貌：体形中等，头清秀，颈粗短，耳小而直立，公、母兔均有较小的肉髯。胸部、肩部和后躯发育良好，肌肉丰满，具有肉用品种体型，成年母兔体重 3.5~4.8 千克，公兔 3.6~4.5 千克。毛色似喜马拉雅兔，红眼，但体端的深色并非黑色而是黑褐色。黑褐色的浓淡呈现出规律性变化：初生时被毛白色，1 月龄“八点黑”色浅且面积小，3 月龄时具备明显的品种特征；青壮年兔“八点黑”色浓，老年兔逐渐变淡；“八点黑”特征因个体不同而异，有的色深，有的色浅，甚至呈锈黑或棕黑色，而且这些特征能遗传给后代；冬季“八点黑”色深，夏季色浅；春、秋换毛季节出现沙环（耳）或沙斑（鼻）；营养条件好，“八点黑”色深而均匀，营养条件差，色浅而不均匀；室内饲养，“八点黑”色深，室外饲养尤其经日光长时间照射变浅；炎热地区“八点黑”色浅，寒冷地区色变深。

生产性能：遗传性稳定，后代表现一致；适应性好，抗病力强；繁殖性能好，母性好，泌乳力高，育崽能力强，被称作“保姆兔”，年可产 7~8 胎；早期生长快，产肉性能好，2 月龄体重 1.8~2 千克，屠宰率 52%以上，肉质鲜嫩；毛皮品质好，毛短而密，毛色象牙白，富有光泽，手感和回弹性好。

丹麦白兔

丹麦白兔原产丹麦，是著名的皮肉兼用型品种。

体形外貌：被毛纯白，柔软紧密；眼红色，头清秀，耳较小、宽厚而直立，口鼻端钝圆，额宽而隆起，颈粗短，背腰宽平，臀部丰满，体形匀称，肌肉发达，四肢较细；母兔颌下有肉髯。

生产性能：体形中等，初生仔兔重45~50克，6周龄体重达1.0~1.2千克，3月龄体重2.0~2.3千克，产肉性能较好，屠宰率53%左右；成年母兔体重4.0~4.5千克，公兔3.5~4.4千克，繁殖力高，平均每胎产崽7~8只，母兔性情温顺，泌乳性能好。适应性好，抗病力强，体质健壮。

丹麦白兔的主要优点是产肉性能好，抗病力强，性情温驯，容易饲养；主要缺点是体形较其他品种偏小而体长稍短，生产性能较新西兰兔低。

德国花巨兔

德国花巨兔原产德国，为著名的大型皮肉兼用品种。其育成有两种说法，一种认为由英国蝶斑兔输入德国后育成，另一种则认为由比利时兔和弗朗德巨兔等杂交选育而成。

体形外貌：黑耳朵、黑眼圈、黑嘴环、黑臀花，体躯被毛底色为白色，口鼻部、眼圈、臀部及两耳毛为黑色，美观，故有“熊猫兔”的誉称。耳大直立，从颈部沿背脊至尾根有一锯齿状黑带，体躯两侧有若干对称、大小不等的蝶状黑斑，又称“蝶斑兔”；体格健壮，体形高大，体躯长，呈弓形，腹部离地较高，骨骼粗大。成兔体重5~6千克，体长50~60厘米，胸围30~35厘米；公、母兔均有较小肉髯。

生产性能：德国花巨兔繁殖力高。胎平均产崽11~12只，是目前家兔产崽数最多的品种。但母性差，泌乳力低，育崽能力差；早期生长发育较快，仔兔出生时重70克左右，90日龄可达2.5千克，成年兔体重5~6千克。性情活泼，较为粗野，行动敏捷；被毛具有对称的花斑，因而，皮张价格较高。

据报道，美国自1910年引入花巨兔，经风土驯化和选育，培育出黑斑和蓝斑两种花巨兔。我国于1976年自丹麦引入，由于饲养管理条件要求较高，哺育力差，毛色遗传不稳定，国内饲养数量已经很少。

豫丰黄兔

豫丰黄兔由清丰县科委和河南省农业科学院等单位合作培育而成。全身黄色，腹部白色，毛短而光亮，头小而清秀，呈椭圆形，耳大直立，眼大有神，颈肩结合良好，背线平直，背腰长，后躯丰满，四肢强壮有力。成年母兔颈下有明显肉髯。具有适应性强、耐粗饲、抗病力强和繁殖力高等优点。成兔体重4~6千克，平均体长54.73厘米，胸围38.83厘米，头长11.9厘米，耳长15.53厘米。性成熟较早，3月龄左右即达性成熟，5.5~6月龄初配，窝均产崽在8只以上，母兔平均乳头数8~9枚，母性好，泌乳力高，出生窝重400克左右，2.5月龄个体体重可达到2千克以上。商品兔屠宰率半净膛54.94%，全净膛51.28%。

该兔是一个优良的地方品种，是良好的育种材料，但在体形外貌上还不一致，生产性能的个体差异较大，有待进一步选育提高。

第三章
兔舍的环境与建筑设计

第一节 影响家兔生活环境的因素

一切作用于家兔机体的外界因素，统称为环境因素，例如温度、湿度、气流、噪声、太阳辐射、有害气体、致病微生物等。

温度

家兔是恒温动物，平均体温38.3~39.5℃。为了维持正常的体温，家兔必须随时调节它与环境的散热和自身的产热。

初生仔兔适宜的环境温度为30~32℃；成年兔为10~25℃。临界温度为5~30℃，超过这个范围，将会给家兔带来不良的影响。

湿度

湿度往往伴随温度对家兔产生影响，高温高湿和低温高湿对家兔都有不良影响。高温高湿会抑制家兔散热，容易引起中暑，低温高湿又会增加散热，并使家兔有冷的感觉。同时，在温度适宜而又潮湿的情况下，有利于细菌、寄生虫的繁殖，导致家兔发生疾病，还会使空气中的有害气体增加。

家兔适宜的相对湿度为60%~70%，如果低于50%，将会引起家兔鼻腔干燥。又据法国资料，最佳相对湿度为55%。

气流

“气流”即通常所说的“风”，高温时，增加气流（风）速度，有利于家兔散热。但低温高湿时增加风速，使家兔产生冷的感觉，并受到不良影响。成年兔由于被毛浓密，对低温有一定的抵抗能力，风速对其影响不大，但对仔兔和刚剪毛的兔要注意预防冷风的袭击，特别要防止贼风的侵袭。

光照

家兔是夜行性动物，不需要强烈的光照，光照时间也不宜过长。光照对家兔的繁殖和肥育效果等有明显的影响。公兔每天适宜的持续光照时间为12~14小时，繁殖母兔为14~16小时，肥育兔为8小时。

有害气体

兔舍中有害气体主要有氨、硫化氢、二氧化碳等。家兔对氨特别敏感，未及时清除的兔粪尿在潮湿温暖的环境下，可分解产生氨等有害气体。每立方米空气中含氨50毫升，可使家兔呼吸频率减慢、流泪和鼻塞；100毫升会使眼泪、鼻涕和口涎显著增多。据德国报道，规定兔舍中有害气体含量为：每立方米空气中氨低于30毫升，硫化氢低于10毫升，二氧化碳低于3500毫升。

噪声

家兔胆小怕惊，突然的噪声可引起妊娠母兔流产，或增加胚胎死亡数，哺乳母兔还会咬死它们的仔兔。因此，兔舍附近要保持安静。适宜的兔舍气候条件见表3-1。

表3-1　兔舍小气候条件

室温	繁殖兔笼：铁线笼，开放式空箱	>15℃
	繁殖兔笼：铁线笼，封闭式空箱	>10℃
	繁殖兔笼：垫草	>5℃
	繁殖兔舍内最高温度（否则胚胎死亡较多）	>25℃
	仔兔舍：3~4周龄断奶；断奶后开始两周内：铁丝笼	>20℃
	从断奶后第3周起，兔笼垫草时温度可以低于5℃	>15℃
	安哥拉兔在剪毛后	>10℃
	安哥拉兔在平时	>25℃
相对湿度		70%
通风	每千克（克）活重每小时的空气容积	<3立方米
	空气流速	<0.5米/秒
对繁殖兔光照昼夜等长，光照程度		15勒克斯（1.5瓦/米^{2}）

第二节 兔舍建筑与设备

在建设兔场之前，首先要考虑场址的选择。在场址选择和兔舍设计上应因地而异。在北方应注重防寒，南方则注意防暑防湿，中部江淮一带，则应兼顾冬季防寒和夏季防暑防湿。选择兔场址总的要求是：地势高燥，排水良好，背风向阳。

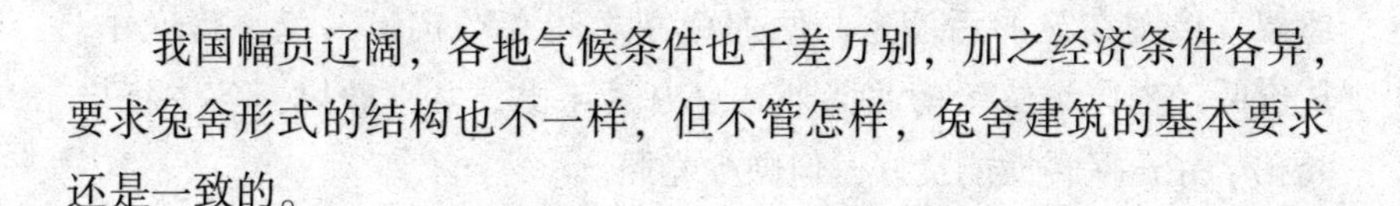

兔舍建筑的常见形式

我国幅员辽阔，各地气候条件也千差万别，加之经济条件各异，要求兔舍形式的结构也不一样，但不管怎样，兔舍建筑的基本要求还是一致的。

地沟式兔舍

选择地势高燥、排水良好的地方，利用地沟群养家兔。先挖一长方形沟，沟深 1.2 米，上宽 2 米，底宽 0.8 米，沟长视养兔多少而定。沟的一边挖成斜坡，便于家兔进出活动。在沟边砌一座小屋，南墙有窗，窗下有小门，门外有小运动场（图 3-1）。这种形式的兔舍，只适用于我国北方和地区。

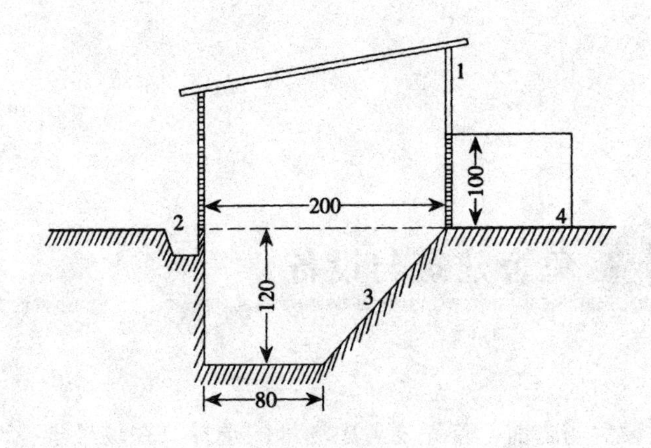

图 3-1　地沟式兔舍剖面图（单位：厘米）

1. 窗户　2. 排水沟　3. 斜坡　4. 运动场

室外双列式兔舍

双坡式屋顶，双列固定兔笼，兔舍的南北墙就是兔笼的后壁，屋架直接搁在笼的后墙上。两列兔笼之间有喂饲道，兔舍跨度小，造价低，粪尿沟位于南北墙外，舍内气味小，夏季通风，冬季将出粪孔堵好，保暖性能良好，但缺少光照。

室内单列式兔舍

这种兔舍四周有墙，南北有采光通风窗。屋顶为双坡式（“人”字顶），三层兔笼叠于近北墙，兔笼与南墙之间为喂饲道，清粪道靠北墙，南北墙距地面 20 厘米处留对应的通风孔。兔舍跨度小、通风、保暖好、光照适宜、操作方便，适于江淮及其以北地区采用，尤其是用作种兔舍（图 3-2）。

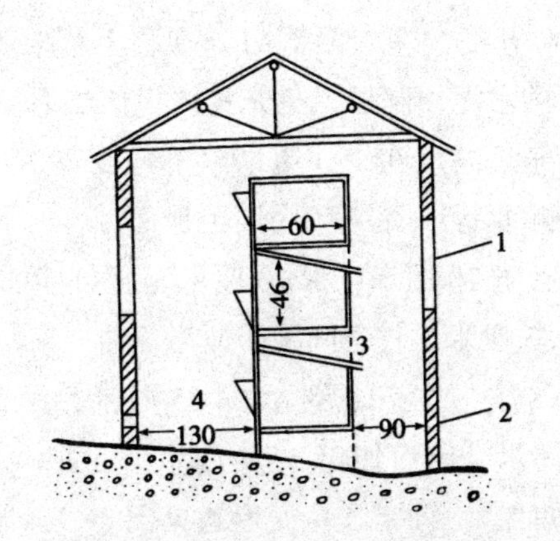

图 3-2 室内单列式兔舍（单位：厘米）

1. 窗户 2. 通风洞 3. 清粪道 4. 喂饲道

室内双列式兔舍

双坡式屋顶，两列三层兔笼背靠背排列。两列兔笼之间为粪尿沟，靠近南北墙各有一条喂饲道。南北墙开有采光通风窗，接近地面留有通风孔。这种兔舍的室内温度易于控制，通风、透光良好，经济利用空间，但朝北一列兔笼光照、通风、保暖条件较差。由于饲养密度大，在冬季门窗紧闭时有害气体浓度也较大。

兔舍常用设备

兔笼

兔笼有活动式和固定式两种。

固定式兔笼

这种兔笼多为三层，兔笼用砖、钢筋水泥等砌成，活动漏缝地板用竹条钉制，对开门，左右两侧门分别装上草架和食槽，承粪板为2.5~3厘米厚的水泥预制板。兔笼具体规格如下：

(1) 三层兔笼总高度在190厘米以下；笼宽70厘米，深60厘米；上两层笼前侧间距15厘米，底层距地面25~30厘米。

(2) 漏缝地板宽70厘米，深60厘米（正好能插入笼底）；竹条长60厘米，宽2.5厘米，竹条间距1厘米。

(3) 承粪板（净）宽70厘米，深65厘米，厚2.5厘米，承粪板向笼前伸出2厘米，向后伸出3~5厘米（上层向后伸出5厘米，中层向后伸出3厘米）。固定式兔笼形式见图3-3。

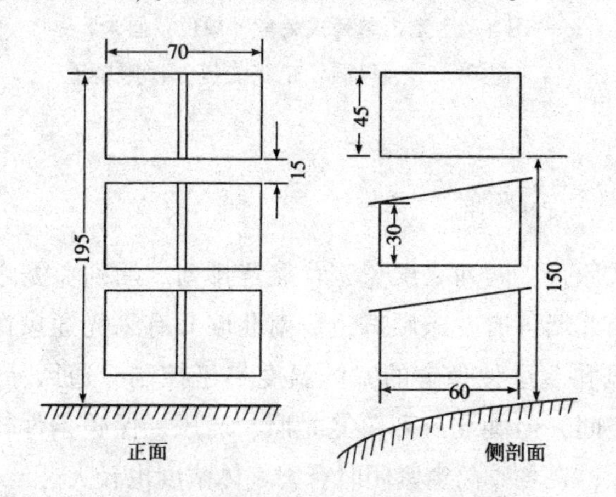

图3-3　固定式兔笼（单位：厘米）

活动式兔笼

双联单层兔笼

用方木做成框架，四周用竹条钉牢，竹条间距1.5厘米；漏缝地板用竹条钉制，竹条宽2厘米，间距1厘米。门开在上方，两门中央放置V形草架（图3-4）。

单间重叠式兔笼

用料、结构和制作方法与单层兔笼基本相似，只是门开在侧面，草架和食槽装在门上，两层笼之间备有承粪板，用油毛毡或玻璃钢制作（图3-5）。

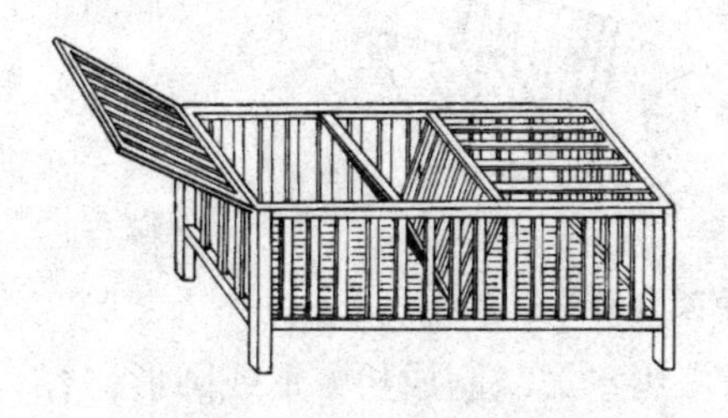

图3-4　双联单层兔笼

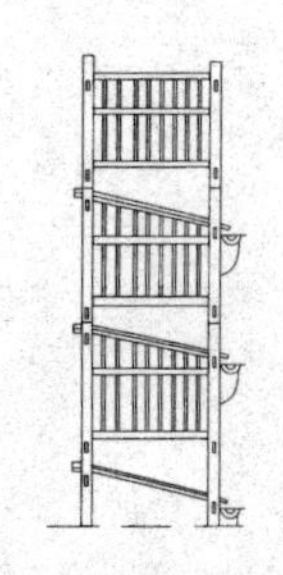

图3-5　单间重叠式兔笼

镀锌铁丝笼

集约化或半集约化养兔往往采用金属笼。根据家兔用途和体形大小采用不同规格（表3-2）。

表3-2　金属笼规格

<table>
<tr><th>用途</th><th>体重（千克）</th><th>兔笼规格（厘米）</th><th>备注</th></tr>
<tr><td rowspan="3">种兔</td><td>4</td><td>0.06立方米（40×50×30）</td><td rowspan="5">种母兔笼如带产箱，宽度增加15厘米；种公兔笼稍大点，圆形为佳，直径60~80厘米，便于配种</td></tr>
<tr><td>4以上</td><td>0.105立方米（50×60×35）</td></tr>
<tr><td>5.5以上</td><td>0.154立方米（55×70×40）</td></tr>
<tr><td>安哥拉兔</td><td>3.5~4</td><td>0.06立方米（40×50×30）</td></tr>
<tr><td>肉兔</td><td>12</td><td>1立方米</td></tr>
</table>

草架

用粗铁丝焊制成V字形草架，固定于笼门上，内侧铁丝间距4~5厘米，外侧用电焊网封住。草架可以活动，拉开加草，推上让兔吃草（图3-6）。

食槽

食槽种类很多，有竹制、水泥制、陶制和铁皮制等。

图 3-6　活动式草架（单位：厘米）

图 3-7　竹制食槽

水泥制：用水泥浇制成长方形或圆形，容量大小相当于一个碗。这种食槽制作容易，笨重、不易打翻，但不便于清洗。

竹制：把粗毛竹劈成两半，除去节间中隔，两端固定长方形木块（图 3-7）。适于栅养。

陶制：这种食皿是陶瓷厂专门烧制的，制作要求是口稍小腰大，笨重、不易打翻。口径约 10 厘米，腰径约 14 厘米，底径 10 厘米，高 8 厘米。

白铁食槽：用白铁皮焊制成半圆形食槽，槽长约 15 厘米，宽 10 厘米，高 10 厘米。为防止被兔踩翻，应固定在笼门上。为便于加料、清洗食槽以及家兔采食，应设计成易拆卸的活动式，喂料时不需打开笼门，且不易损坏（图 3-8）。

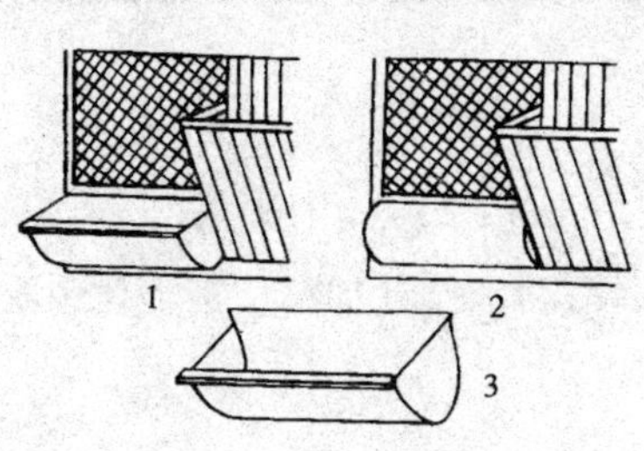

图 3-8　白铁皮食槽

1. 开启　2. 关闭　3. 拆下

第四章
家兔的高效饲养与管理要求

第一节 高效养兔的饲料标准

家兔的营养需要

家兔的营养需要是指家兔在维持生命活动及生产（生长、繁殖、肥育、产乳、产皮毛）过程中，对各种营养物质的需要。一般用每日每只家兔需要这些营养物质的绝对量，或每千克日粮（自然状态或风干物质或干物质）中这些营养物质的相对量来表示。家兔对营养物质的需要受家兔品种、类型、性别、年龄、生理状态及生产性能等因素的影响，一般家兔的营养需要分为维持需要和生产需要(繁殖、泌乳、生长、肥育、产毛)。

公兔的营养需要

公兔的配种能力表现在体格健壮、性欲旺盛、精液品质良好等方面，这些均与营养有关。试验证明，种公兔若长期处于低营养水平，会使性腺激素分泌量减少，或睾丸间质细胞对促性腺激素反应能力低而影响精子的形成，使其繁殖力下降；但营养水平过高，会使公兔体膘过肥，性欲下降甚至不育。一般公兔为保持较好的精液品质，能量需要应在维持需要的基础上增加20%，蛋白质的需要与同体重的妊娠母兔相同。同时还要注意矿物质和维生素的需要，如钙、磷与精液的品质有关，钙、磷比例应为1.5∶1～2∶1。此外，还要注意锌和锰的补充。维生素A、维生素C、维生素E与公兔繁殖机能有密切关系。因此，在繁殖季节，要注意日粮中的能量和蛋白质水平，可加入动物性蛋白质饲料，保证青绿饲料的供应。

繁殖母兔的营养需要

种母兔若长期处于低营养水平，可导致卵巢正常机能受阻，使种母兔不能正常发情、排卵。妊娠母兔处于低营养水平对胎儿和母体均有影响，在营养不足时，胎儿对营养物质的摄取有优先权，为了保证胎儿的营养需要，妊娠母兔就要动用母体的贮备。故此在低营养水平条件下妊娠母兔一般都很瘦，尤其是怀孕后期，严重营养缺乏会导致胎儿死亡。相反，营养水平过高不仅不经济，还会对繁殖造成不良影响，生产实践中常常出现体膘过肥的家兔不育就是这个原因。种母兔体况过肥，卵巢被脂肪浸润因而卵泡发育受阻，引起发情无规律或不发情，配种延迟，甚至造成母兔不能繁殖。在繁殖母兔生产过程中的配种准备期、妊娠期和泌乳期，应根据不同阶段的生产任务、生理特点、营养要求组织合理的饲养，给予适量的营养物质，才能繁殖出量多质好的仔兔。

配种准备期的营养需要：配种准备期的繁殖母兔有两种，一是初产母兔（青年后备母兔），二是经产母兔。前者本身处于发育阶段，其营养需要重点是保证其健康，按期发情、配种，提高配种受胎率，消除不孕。该阶段营养水平视其体况而定，一般维持其所需的水平即可，对体况差的可稍高于维持水平。经产母兔的营养需要主要是令母兔恢复体况，恢复正常的繁殖机能。一般保持七八成膘为宜，营养水平按维持需要。

妊娠期的营养需要：妊娠期母兔体内的物质和能量代谢发生变化，引起母兔对营养物质的需要显著增加。试验证明，妊娠母兔在整个妊娠期代谢率平均增长11%~14%，妊娠期后一部分母兔的代谢率可增加30%~40%，且后期贮存养分为泌乳做准备。又由于胎儿的生长发育前期慢，后期快，初生体重的70%~90%是在妊娠后期生长的。因此，母兔在妊娠前期的能量和蛋白质的需要比维持需要提高0.3倍，后期提高1倍。试验证明，喂给妊娠母兔10.46~12.13兆焦/千克消化能的配合饲料，生产性能表现良好。对矿物质钙、磷、锰、铁、铜、碘及维生素A、维生素D、维生素E、维生素K等的需要量均有所增加。据美国推荐，妊娠母兔日粮中应保持的钙的最低水平为0.45%。具体的需要量见家兔饲养标准。在生产实践中，可用同一日粮，前期限量，后期增量。也可按妊娠期的营养需要另行配制日粮。

泌乳期的营养需要：乳的形成过程是家兔全身性反应。乳腺形成乳汁时所需的各种原料均由血液供应，而血液中的原料最终来源于饲料中的营养物质。因此，泌乳母兔的营养需要决定于母兔体重、仔兔只数、泌乳量、乳的养分含量及乳的合成效率。试验证明，母兔每千克活重平均产乳35克，在所有的哺乳动物中母兔乳最浓，为牛乳的2.5倍，即干物质含量最高，为26.4%，蛋白质含量10.4%，乳脂12.2%，矿物质2.0%，能量8.4~12.6兆焦/千克，乳糖含量较低，为1.8%。因此，母兔泌乳时对营养物质的需要较高，能量和蛋白质的需要是维持需要的4倍。由于需要的消化能高，势必要降低饲粮中粗纤维的水平，破坏家兔正常的消化生理，因此，为了满足能量的供给，应尽量提高饲粮的消化能水平，一般在10.88~11.3兆焦/千克，同时提高饲粮的适口性，还应注意在饲喂颗粒饲料的同时，加喂青绿饲料。哺乳母兔的日粮中，粗蛋白质水平应不低于18%。兔乳中含有大量的矿物质和维生素，特别是钙、磷、钠和维生素A、维生素D等，因此，泌乳母兔对其需要量也增加。具体的营养需要量见饲养标准。另外，由于泌乳过程中泌乳量、乳成分的变化，在实践中应注意泌乳母兔营养需要的阶段性、全价性和连续性。

皮用兔的营养需要

皮用兔主要是指力克斯皮用兔。有关力克斯皮用兔的营养标准，目前未见专项报道。有资料指出：皮用兔应保持中等偏上的营养水平。应在保证蛋白质和氨基酸供给的前提下，适当控制能量水平和精料的进食量。

产毛家兔的营养需要

产毛的能量需要包括合成兔毛时消耗的能量和兔毛本身所含的能量两部分，毛的总能量为22~24兆焦/千克，能量用于沉积毛的效率较低，约为代谢能的30%。每克兔毛中含有0.86克的蛋白质，可消化粗蛋白质用于产毛的效率（兔毛中蛋白质含量÷用于产毛的可消化粗蛋白质含量）约为43%。每克粗毛需消化能70~75千焦，可消化粗蛋白2.3克。应注意含硫氨基酸的供给，日粮含硫氨基酸水平以0.84%为宜。另外，还要注意与毛纤维生长有关的矿物质如铜、硫的供应。

生长家兔的营养需要

生长的一般规律：生长是从断奶到性成熟的生理阶段。此阶段家兔机体进行物质积累、细胞数量增加和组织器官体积增大，从而整体体积增大，重量增加。绝对生长呈现慢—快—慢的规律，相对生长则由幼龄的高速度逐渐下降。在增重内容方面，水分随年龄的增长而降低，脂肪随年龄的增长而增加，蛋白质和矿物质沉积起初最快，随年龄的增加而降低，最后趋于稳定。因此，应根据家兔的生长规律在家兔生长的各个发育阶段，给予不同的营养物质。如生长早期注意蛋白质、矿物质和维生素的供给，满足骨骼、肌肉的生长所需，生长中期注意蛋白质的供给，生长后期多喂些碳水化合物丰富的饲料，以供沉积脂肪所需。

生长的能量需要：幼兔在生长阶段能量代谢非常旺盛，其对能量的需要根据增重中脂肪和蛋白质的比例而定。沉积的脂肪越多，能量需要就越多。家兔在3~4周龄时生长非常迅速，随年龄增长而增加体重，所增加的体重中脂肪比蛋白质多，因而每单位增重所需要的能量也多。试验证明，生长兔每增重1克脂肪需0.0812兆焦的消化能，每增重1克蛋白质需要0.0477兆焦消化能，扣除维持需要，用于生长的消化能的利用率为52.2%。据报道，每千克配合饲料中含有10.46兆焦的消化能则可满足家兔快速生长的需要。

生长的蛋白质需要：生长兔蛋白质的需要随体重的增加而增加，供应量为维持需要的2倍。美国NRC研究推荐，生长兔日粮中16%的蛋白质可满足正常的需要，但同时要求赖氨酸和其他几种必需氨基酸的含量满足需要。

生长的矿物质及维生素需要：矿物质占生长兔体重的3%~4%，生长兔正处于骨骼生长期，对矿物质需要较多，特别是钙、磷。生长兔体内代谢非常强烈，必须充分供给维生素，以保证物质代谢的正常进行，促进其生长。维生素D参与钙、磷的代谢，也不能缺少。生长兔对维生素A特别敏感，缺乏时可引起生长停止，发育受阻，患夜盲症，对疾病的抵抗力低。

肥育家兔的营养需要

肥育是指在家兔屠宰前进行催肥饲养，提高屠宰率和肉品品质。

肥育家兔对能量的需要因年龄、体重、增重速度和肥育阶段而不同。幼龄家兔和育肥前期每单位增重所需能量较少，需要的饲料也少，而蛋白质、矿物质和维生素较多。随着年龄的增长和育肥期的进展，单位增重所需能量增多，而对蛋白质和矿物质等需要相对减少。国外多数商用颗粒饲料的脂肪含量均在2%~4%。我国养兔科研单位近年来向兔场推荐，应在兔日粮中添加2%~5%的植物油，肥育家兔日粮中需要含有少量脂肪，这样可以改善饲粮的适口性，促进营养物质的消化吸收。但脂肪含量过多，对消化吸收不利，对肉品质也有很大影响。在兔日粮中添加动物性油脂，可能会产生不良的影响。近年来许多研究表明，在兔日粮中添加5%的牛油，不仅会使其体重减轻，而且精神不振，屠体脂肪含量增加，蛋白质含量降低。其次，要注重矿物质和维生素的供给，需要量应超过生长家兔，否则对肥育不利。例如钙不足常是增重不快的原因之一，磷和食盐与家兔的食欲有关，B 族维生素与碳水化合物代谢有关，其中生物素对脂肪合成起作用。因此，在日粮中要保证矿物质和维生素的含量。另外，由于形成体脂的主要原料是碳水化合物，在家兔肥育期应多喂含有可溶性碳水化合物的饲料，如薯类、禾谷类及其副产品等。

家兔的饲料种类

能量饲料

饲用甜菜

饲用甜菜为藜科甜菜属二年生草本植物，耐寒不耐热，对水分反应敏感，不耐涝，耐盐碱性强，是改良盐碱地的先锋作物。一般产于我国东北、华北和西北地区。其营养成分见表4-1。

表 4-1　甜菜的营养成分（%）

样品	水分	粗蛋白	粗脂肪	粗纤维	无氮浸出物	灰分
块根（鲜）	88.80	1.50	0.10	1.40	7.10	1.10
块根（干）	0	13.39	0.89	12.46	63.40	9.79
绿叶（鲜）	93.10	1.40	0.20	0.70	4.20	0.40
绿叶（干）	0	20.30	2.90	10.15	60.85	5.80

营养特点：含有丰富的蛋白质和维生素，纤维素含量很低，100千克饲用甜菜含11.5个饲料单位、可消化蛋白0.3千克，蛋白中赖氨酸、色氨酸含量丰富；干物质含量较低（8%~11%），碳水化合物5%~11%，其中无氮浸出物主要是蔗糖，并含有少量的淀粉和果胶；富含钙质，含磷较低，消化率较高，超过80%。

饲用价值：适应性强，产量高而稳定，一般每公顷可产块根45000~75000千克，鲜叶30000~37000千克。适口性较好，容重小，有轻泄性，耐贮存，是家兔育肥的良好饲料。使用时一般是鲜喂，每天的用量一般为0.1~0.2千克。腐烂的茎叶含有亚硝酸盐，容易造成中毒，不宜饲喂。

大麦

大麦可分为皮大麦和裸大麦（青稞），是酿制青稞酒和啤酒的重要原料。

营养特点：大麦代谢能值较低，脂肪含量较低；蛋白含量较高，为11%~16%，其中赖氨酸、色氨酸、异亮氨酸含量比玉米高，特别是赖氨酸含量（0.42%）是谷物中的最高者；粗纤维含量皮大麦为6.9%，比玉米粗纤维含量高，裸大麦为2.2%，则较低；含灰分较高（2.5%），矿物质中钙、铜含量较低，而铁含量较多，磷含量比玉米高；维生素含量较少，仅含少量硫胺素、烟酸，不含叶黄素，核黄素也极其微量。

饲用价值：大麦适口性较好；但含有一定量的多缩已聚糖（主要是β-葡聚糖），饲喂过多会造成粪便黏稠和膨胀病。一般在饲料中用量不超过20%。应该注意的是已被麦角菌感染的大麦，籽粒畸形，并含有麦角毒素，不仅降低大麦产量，而且降低适口性，甚至引起家兔中毒。在正常情况下，一般在饲料中的用量不应超过20%。

小麦

小麦属我国的主要粮食品种，主要在北方，特别是华北、东北地区广泛种植。

营养特点：小麦含能量较高，仅次于玉米、高粱、糙米，脂肪含量低于玉米，亚油酸含量较低，仅为0.8%；蛋白质含量高，为11%~16%，且品质较好，氨基酸组成中的突出问题是苏氨酸和赖氨酸不足；B族维生素比较丰富，含磷量较高，但植酸磷比例较大，消化吸收有限。

饲用价值：小麦淀粉组成中木聚糖所占比例较高，在肠道中容易造成黏性食糜，降低消化率，同时也阻碍其他营养物质的消化吸收，因此不宜过多使用。小麦的适口性较好，加入饲料中不会影响适口性，在正常情况下，用量可占日粮的10%~30%。

燕麦

我国燕麦主要产于青海、甘肃、内蒙古和陕西等西北地区。

营养价值：燕麦能值较低；蛋白质含量较低，但比玉米高，约为11%，且氨基酸组成不佳；饲用燕麦主要成分为淀粉，粗脂肪含量6.6%左右，可消化养分比其他麦类低，主要是由于壳多，粗纤维含量10%以上，营养价值低于玉米，适合于草食家畜——家兔的饲料；燕麦与其他谷物饲料一样，钙含量较低，磷含量较高，特别是镁含量丰富，有助于防止镁缺乏引起的骨骼发育不良；维生素中胡萝卜素、维生素D含量较少，尤其缺乏烟酸。

饲用价值：燕麦是马属动物、家兔、反刍动物的优质饲料，粉碎后的燕麦喂羊、牛、兔，具有适口性好、体积大的特点和防止消化道疾病的作用，在饲料中的添加量可达30%以上。

麦麸

一般包括小麦麸和大麦麸。小麦麸，由种皮、部分糊粉层及胚组成，由于小麦磨粉工艺不同，出粉率不同，麸皮的组成差异较大，出粉率越高，种皮所占比例越大，无氮浸出物含量越低，能量也就越低。通常将片状白色或褐色的麦麸叫作粗麦麸，而将粉状灰白色或褐色的麦麸叫作细麦麸，也叫次粉。

营养特点：麦麸的粗纤维含量为8%~15%，脂肪含量较低，属低能饲料；粗蛋白质含量则可达12%~17%，质量也较好，赖氨酸、蛋氨酸含量较高；含丰富的B族维生素、维生素E、烟酸和胆碱；富含铁、锌、锰等微量矿物质元素，磷含量丰富，但多为植酸磷，钙、磷比例为1∶8，极不平衡，所以在日粮配合时，应注意补充生物学价值较高的钙源、磷源。大麦麸的能量含量、蛋白质质量都优于小麦麸。

饲用特点：麦麸适口性好，质地蓬松，体积大，容重小，常用来调节日粮能量浓度，由于麦麸含适量的粗纤维和硫酸盐，具有轻泄性，有助于肠道蠕动，家兔产后食用适量的麦麸调养消化道，具有良好的保健作用。麦麸吸水性强，大量采食容易造成便秘，在饲料中添加量为一般为10%~20%。

玉米

玉米是现代饲料中最常用、使用量最大的能量饲料，在我国北方大部分地区产量都很大，东北、内蒙古、新疆是其主产区，产量仅次于水稻、小麦。

营养特点：玉米可凭借能量在谷物饲料中排在首位，粗纤维含量低

(2%)，无氮浸出物含量高（72%），且主要是淀粉，消化率高；蛋白质含量低（8.6%），蛋白质品质较差，缺乏赖氨酸、色氨酸、蛋氨酸；含脂肪较高（3.55%~4.5%），亚油酸含量约为2%，为谷物饲料中最高者，若玉米占日粮的50%，即可满足畜禽对亚油酸的需要；黄玉米含有胡萝卜素、叶黄素，也是维生素E的良好来源，B族维生素中除硫胺素含量丰富，其他维生素含量较低，不含维生素D和维生素K；玉米中含钙量较低（0.02%），磷含量较高（0.27%），但多为植酸磷，有效磷含量较低（0.12%）。

饲用价值：玉米的适口性好，在畜禽饲料中使用比例不受限制。黄玉米中含丰富的胡萝卜素，是维生素A的前体，有利于家畜的生长和繁殖。由于玉米淀粉含量很高，如在饲粮中用量过大，容易导致家兔患肠炎，所以，肉兔饲料中玉米的含量一般为30%~50%。

高粱

高粱也是一种重要的能量饲料，耐旱、抗逆性较玉米强，原产热带，我国主产区在辽宁、黑龙江等地。

营养特点：高粱的营养价值相当于玉米的90%~95%，去壳高粱和玉米一样，主要成分为淀粉，粗纤维含量低（1.4%），可消化养分高，消化能仅次于玉米、小麦；粗蛋白质含量略高于玉米，平均为11%，质量较差，缺乏赖氨酸、蛋氨酸和色氨酸；消化能、代谢能低于玉米；脂肪含量（3.4%左右）、亚油酸含量（1.13%左右）也低于玉米；矿物质中钙少磷多；高粱叶黄素含量较低；胡萝卜素及维生素D的含量较低，B族维生素与玉米相似，烟酸含量较高。

饲用价值：高粱中含有单宁，含量随品种不同而有较大差异，通常含量为0.2%~2%，味涩，适口性差，家兔不爱采食，此外，单宁会抑制家兔消化道内消化酶的活性，降低养分利用率，阻碍矿物质的吸收和代谢，大量饲喂会引起家兔便秘，饲喂时要限量，一般在配合饲料中深色高粱（单宁含量>1%）不超过10%，浅色高粱（单宁含量<1%）不超过20%，去除颖壳后，可以与玉米同样使用。

推荐的集约饲养肥育家兔的营养需要

米糠

米糠为稻谷的加工副产品，一般分为细糠、统糠、米糠饼。细糠又叫清糠，是去壳稻谷的加工副产品，由果皮、种皮、部分糊粉层和胚组成；统糠由稻谷直接加工而成，包括稻壳、种皮、果皮及少量碎米；米糠饼为细米糠经加压提油后的副产品。

营养特点：细糠可利用能量（12.6兆焦/千克）高于麦麸，仅次于谷物饲料，在糠麸类饲料中是最高的；粗蛋白含量（12%）低于麦麸，氨基酸组成中，赖氨酸（0.6%）、蛋氨酸（0.25%）含量较高；粗纤维含量较高（9%以上）；粗脂肪含量（15%）很高，是所有谷物饲料和糠麸饲料中含量最高的，米糠中的脂肪大多数是不饱和脂肪酸，油酸和亚油酸占79%，在脂肪中还含2%~5%的维生素E，富含B族维生素，缺少维生素A、维生素D。矿物质中钙低磷高，主要是植酸磷。

饲用价值：米糠中含不饱和脂肪酸较多，易氧化酸败，发热发霉，不易保存。氧化酸败的米糠适口性差，可使动物中毒、严重腹泻，甚至死亡。所以一般将米糠去油制成米糠饼，米糠饼的脂肪和粗纤维含量较低，其他营养成分基本被保存，且适口性和消化率均有所改善，而且可以防止氧化酸败。也可通过控制米糠水分、加入抗氧化剂、防霉剂来加强安全性。家兔饲料中米糠的使用量一般为10%~20%。

统糠的主要成分（70%）是谷壳，所以营养价值明显低于清糠，粗蛋白、粗脂肪含量较低（分别是7%、6%），而粗纤维含量为34%~38%，明显高于细米糠（12%~14%）。统糠在家兔饲料中不能使用过多。

甘薯

甘薯俗称地瓜、红薯、白薯、红苕等，为旋花科甘薯属一年生或多年生草本块根植物，我国的主要杂粮之一，主要产于北方各地，产量很大，仅次于水稻、小麦、玉米。

营养特点：干物质含量一般为15%~30%，干物质主要成分是淀粉和糖，淀粉占85%以上；蛋白质含量低于玉米；红色或黄色的甘薯含有大量的胡萝卜素，硫胺素和核黄素含量低，缺乏钙磷，B族维生素含量低，去除水分制成甘薯干后，其有效能值与稻谷相近，粗纤维含量低（2.6%~24%），粗蛋白含量低，且质量较差，缺乏赖氨酸、蛋氨酸和色氨酸。

饲用价值：多汁，味甜，适口性好，特别对育肥期、泌乳期的肉兔有促进消化、积累脂肪、增加泌乳的功能，甘薯干的饲用价值相当于玉米的87%。甘薯还是肉兔冬季不可缺少的多汁料及胡萝卜素的重要来源。如果贮存不当，会发芽、腐烂或出现黑斑，含毒性酮，对肉兔造成危害。甘薯干在家兔饲料中的添加量可达30%。

马铃薯

马铃薯俗称土豆、山芋、山药蛋等，为茄科茄属一年生草本块茎植物，是一种高产作物，我国大部分地区多有生产，其中四川、甘肃、内蒙古、黑龙江、陕西、山西最多。

营养特点：干物质含量约为30%，其中80%为淀粉，与蛋白质饲料、谷物饲料混合使用效果好。

饲用价值：贮存不当发芽时，其芽中含有龙葵素，肉兔采食过多会引起肠炎，甚至中毒死亡。所以，应注意贮存，如已发芽，饲喂时一定要清除皮和芽，并加以蒸煮，蒸煮水不能用来喂兔。

木薯

木薯又叫树薯，主要种植在热带和亚热带，如我国的广东、广西、云南、福建、四川、台湾等地，是热带淀粉产量最高的植物之一。

营养特点：干物质中无氮浸出物高达 72%，有效能值可与大麦、糙米相比，消化能为 13.08 兆焦/千克，代谢能为 12.37 兆焦/千克；蛋白质含量低，各种必需氨基酸均较少，尤其是蛋氨酸、胱氨酸、色氨酸缺乏；矿物质中铜、锰、磷含量均较少。

饲用价值：木薯表皮中含有较高的氢氰酸，为防止中毒，在食用前最好先浸泡、煮沸或晒干，干热 70~80℃也可减少毒性。我国饲用木薯干的标准是：含水量低于 13%，粗纤维和粗灰分不超过 4.0%和 5.0%。木薯干在家兔饲料中的添加量不应超过 10%。

蛋白饲料

鱼粉

由不宜供人食用的鱼类及其加工的副产品制成，是优质动物性蛋白质饲料，主要在我国的东南沿海地区生产和从秘鲁、古巴进口。

营养特点：粗蛋白质含量为 55%~75%，含有全部必需氨基酸，其组成平衡，赖氨酸、蛋氨酸含量高，含有丰富的钙和磷，而且比例适当，磷基本上是有效磷，含有丰富的维生素，特别是含有植物性蛋白饲料中不含的脂溶性维生素和维生素 B_{12}，对家兔生长、繁殖均有良好作用，是较理想的动物性蛋白饲料。

饲用价值：价格较高，用量一般在 2%~5%。含有特殊的鱼腥味，在育肥兔饲料中不宜使用。

血粉

由畜禽的血液干燥粉碎制成。

营养特点：粗蛋白质含量在80%以上，高于鱼粉。血粉中含有多种必需氨基酸，特别是赖氨酸含量达7%~8%，组氨酸、色氨酸含量也很高，甚至超过鱼粉。但缺乏蛋氨酸、异亮氨酸和甘氨酸，含铁量高。其品质因加工工艺不同，而导致蛋白质、氨基酸的利用率有较大差异，经高温、压榨、干燥制成的血粉溶解性差，消化率低，赖氨酸消化率则只有40%~60%。直接将血液于真空蒸馏器中干燥制成的血粉溶解性好，消化率高，赖氨酸利用率可达80%~85%。

饲用价值：适口性差，饲料中不宜添加过多，一般用量为3%~5%。

蚕蛹粉

蚕蛹经干燥粉碎后得到的产物。蚕蛹在北方地区较少，在南方较多。

营养特点：粗脂肪含量为24%左右，粗蛋白含量为55%，蛋氨酸含量高是其突出的特点，可达1.5%，赖氨酸含量与进口鱼粉相近，色氨酸含量为1.2%，比鱼粉还高，是优质的蛋白饲料。

饲用价值：其质量受原料品质、新鲜程度影响较大，容易腐败，产生恶臭，会给畜禽产品带来不良味道，在使用中应注意用量和时期；为防止变质，可将蚕蛹粉脱脂制成蚕蛹饼，既易于保存，又可提高蛋白质含量。家兔饲料中用量不应超过10%。

肉粉

由不能供人食用的动物废肉、内脏，经高温、高压、灭菌、去毒、干燥、粉碎制成。

营养特点：粗蛋白质含量为50%~60%，富含赖氨酸、B族维生素，钙、磷比例适当，蛋氨酸、色氨酸相对较少，消化率、生物学价值均较高。

饲用价值：在使用过程中应注意防止发霉变质。适口性较差，一般用量低于5%。

肉骨粉

由动物下脚料、杂骨和检疫不合格的废弃家畜经高温、高压蒸煮，粉碎得到的副产品，产品中不应含有毛发、蹄角、皮、消化道内容物及血粉。

营养特点：因原料种类、来源不同，骨骼所占比例不同，其营养物质含量变异很大，一般粗蛋白质含量为40%~55%，赖氨酸含量较高，蛋氨酸、色氨酸含量低，蛋白质品质较差，生物学价值低，肉骨粉中含有大量钙、磷、锰，其中的磷为可利用磷。

饲用价值：肉骨粉的饲用价值低于鱼粉、豆粕，适口性较差，一般在饲料中的使用量应限制在8%以下为宜。

豆粕（饼）

豆粕（饼）是目前饲料中最常用的蛋白质饲料，是大豆去油后的副产品，压榨法生产的叫豆饼，浸提法生产的叫豆粕，主产于东北、华北地区。

营养特点：豆饼有效能含量高（10~10.87兆焦/千克），粗纤维含量较低；粗蛋白质含量高，一般为42%~47%，蛋白质品质较好，赖氨酸含量高，达2.9%，且与精氨酸比例适当，异亮氨酸、亮氨酸含量较高，比例适宜，蛋氨酸、胱氨酸含量不足；矿物质中，钙、磷含量高于其他植物性饲料，但磷主要是植酸磷，利用率有限（1/3左右）；维生素含量较低，特别缺少B族维生素。

饲用价值：豆粕颜色好，味道佳，各种动物都喜食，但蛋氨酸含量不足，而且质量的好坏受加工工艺影响较大，如加热不足，内含抗营养因子抗胰蛋白酶和尿酶活性高，会影响蛋白质利用，不能被肉兔直接利用。如加工过度，不良物质受到破坏，但营养物质特别是必需氨基酸的利用率也会降低。因此，在使用豆饼时要注意检测其生熟度。适当加热的豆饼应为黄褐色，有香味。在家兔日粮中一般使用量占10%~15%。

棉籽粕（饼）

棉籽饼是棉籽制油后的副产品，在我国华北、新疆地区产量较大。

营养特点：棉粕（饼）的营养价值因加工方法的不同差异较大。脱壳棉籽饼粗蛋白质为41%~44%，粗纤维含量低，能值与豆饼相近。不脱壳的棉籽饼粗蛋白质含量为20%~30%，粗纤维含量为11%~20%。棉籽饼中赖氨酸和蛋氨酸含量低，精氨酸含量较高，硒含量低。

饲用价值：在配合饲料使用时应注意添加蛋氨酸，最好与精氨酸含量低、蛋氨酸含量较高的菜籽饼配合使用，这样既可缓解赖氨酸、精氨酸的拮抗作用，又可减少专门额外添加赖氨酸、蛋氨酸。棉籽饼中含有棉酚，在榨油过程中与氨基酸结合成结合棉酚，稳定性增强，对肉兔无害，但氨基酸利用率会降低。对肉兔有害的是游离棉酚，肉兔摄食后会导致中毒，造成生长受阻，生产力下降，呼吸困难，防疫机能下降，流产，畸形，有时发生死亡。棉籽饼脱毒的方法有很多，如：水煮法，将粉碎的棉籽饼加入水中煮沸半小时，晾干之后即可使用；硫酸亚铁法，向棉籽饼中按棉酚含量1∶5加入硫酸亚铁，搅拌均匀后即可使用。

菜籽饼

菜籽饼是油菜籽脱油后的副产品，主产区在长江流域。

营养特点：有效能含量较低，适口性较差，含粗蛋白质36%左右，氨基酸组成中蛋氨酸含量高，精氨酸含量在饼粕中最低，磷的利用率较高，硒含量是植物性饲料中最高的，锰含量也较丰富。

饲用价值：含有较高的芥子苷，它在动物体内水解产生有害物质，可导致肉兔甲状腺肿大。常用脱毒方法有坑埋法、水洗法、加热钝化酶法、氨碱处理等，可降低芥子苷含量，提高菜籽饼在饲料中的用量。一般在肉兔饲料中可添加2%~4%。

花生粕

花生粕是油厂榨油后的副产品。

营养特点：仅次于豆粕，蛋白质和能量含量都很高，是优质的蛋白质饲料。蛋白含量38%~47%，粗纤维为4%~7%，粗脂肪含量与榨油方法有关，一般含4%~7%，钙少磷多，钙为0.2%~0.4%，磷为0.4%~0.7%，但磷多为植酸磷，花生粕的氨基酸组成不平衡，赖氨酸和蛋氨酸含量较低，分别为1.35%和0.39%，精氨酸和甘氨酸含量却很高，分别为5.16%和2.45%。应与精氨酸含量较低的菜籽粕、血粉、鱼粉搭配使用。

饲用价值：花生粕气味芳香，适口性极好。但在使用时应注意：①含有胰蛋白酶抑制因子，加工时应注意温度控制，一般120℃即可破坏这种因子。②容易感染黄曲霉，其产生的黄曲霉毒素易造成肉兔中毒死亡，所以花生粕中的黄曲霉素不可超过50微克/千克，并且贮存期不宜过长。

在肉兔饲料中的用量一般为3%~5%。

向日葵粕

营养特点：向日葵的外壳厚实，壳占子实的35%~40%，质量好坏主要取决于去壳情况。

去壳较完全（壳∶仁=16∶84）的葵籽粕蛋白含量为35%~37%，粗纤维10%左右；而带壳的葵籽粕（壳∶仁=35∶65）的粗蛋白则只有22%~26%，粗纤维30%。部分带壳的葵籽饼（壳∶仁=

25∶75）粗蛋白一般为27%～32%，粗纤维20%左右。我国的葵籽粕一般为不去壳或少量去壳。蛋白中蛋氨酸含量高于豆粕，可达1.6%，赖氨酸较低，只有1.5%～1.8%左右。蛋白质消化率较高，与豆粕相似。

饲用价值：适口性较好，家兔喜食，在饲料中可添加20%左右。

胡麻粕

又叫亚麻粕，是亚麻籽榨油后的副产品。

营养特点：蛋白含量一般为32%～37%，粗纤维含量为7%～11%，粗脂肪含量为1.5%～7%，钙为0.3%～0.6%，磷为0.75%～1.0%，赖氨酸、蛋氨酸含量低，分别为1.2%和0.45%，色氨酸含量较高。

饲用价值：含有抗维生素B_6因子，因此在使用时应注意维生素B_6的添加。含油亚麻子胶和硫氰酸苷，后者水解后释放出氢氰酸，具有致命的毒性，饲喂过量首先引起肠黏膜脱落、腹泻，动物会很快死亡。一般在肉兔饲料中添加量不宜超过5%。

芝麻粕

营养特点：芝麻榨油后的副产品，粗蛋白质在40%以上，蛋氨酸含量高，在0.8%以上，是植物性饲料中含量最高的。赖氨酸含量不足，精氨酸含量高。

饲用价值：适口性较差，在肉兔饲料中一般添加1%～3%。

玉米蛋白粉

又叫玉米面筋，是玉米去除淀粉、胚芽及玉米外皮后的剩余部分，为玉米原料的5%～8%，颜色金黄，色泽鲜艳，玉米蛋白粉中玉米浸出物和玉米胚芽部分的增加，使其蛋白质含量下降，色泽趋暗。

营养特点：粗蛋白含量为20%～60%，蛋氨酸含量很高，而赖氨酸、色氨酸含量很低，含有很高的叶黄素和玉米黄素，是很好的着色剂，此外，其能量很高，是高能、高蛋白饲料。其营养成分见表 4-2。

表 4-2　玉米蛋白粉营养成分含量

蛋白含量 指标	63%	51%	44%
消化能（兆焦/千克）	15.05	15.60	15.01
代谢能（兆焦/千克）	16.23	14.36	13.30
赖氨酸（%）	0.97	0.92	0.71
蛋氨酸（%）	0.42	1.14	1.04
胱氨酸（%）	0.96	0.76	0.65
苏氨酸（%）	2.08	1.59	1.38
色氨酸（%）	0.36	0.31	—

饲用价值：消化率高，是较为优良的蛋白质原料，但由于加工条件不同，质量差异很大；同时，由于适口性较差，在家兔饲料中不经常使用，一般用量控制在 5%以内。

粉浆蛋白

即以豌豆、蚕豆、马铃薯、甘薯等作为原料生产淀粉、粉丝、粉条、粉皮等时的残渣。

营养特点：由于原料不同，营养成分差异也较大。鲜样中水分含量为 80%~90%，含有可溶性糖，易引起乳酸菌发酵，存放时间越长，酸性越强。经干燥处理后，干物质粗蛋白含量可达 50%~70%，赖氨酸含量丰富，易消化。

饲用价值：粉浆蛋白是生长育肥兔的良好蛋白质饲料，但适口性较差，不宜在饲料中添加过多，一般添加量为 3%~6%。

DDGS

俗称黑酒糟，是指脱水酒精糟（DDG）和干酒精糟液（DDS）的混合物。

营养价值：一般以干酒精糟液的营养价值较高，脱水酒精糟的营养价值较差；DDGS 的营养价值取决于其中干酒精糟液与脱水酒精糟的比例；干酒精糟液比例大的 DDGS 营养价值较高，而脱水酒精糟多的 DDGS 的营养价值则较差。以玉米为原料的脱水酒精糟、干酒精糟液、DDCS 的粗蛋白质含量基本相近，风干物质中含 27%~29%，但三者的粗纤维含量则分别为 11%、7%和 4%左右。不同脱水酒精糟中的粗纤维含量为 7.5%~12.8%；干酒精糟液中的粗脂肪含量为 9.0%~22.7%。

饲用价值：三者的氨基酸含量及利用率都不理想，不适于作为唯一的蛋白源。家兔饲料中用量以 15%以下为宜。

羽毛粉

家禽屠宰后的羽毛经高压水解后的产品，也称水解羽毛粉。

营养特点：粗蛋白质含量 80%以上，必需氨基酸含量完全，含胱氨酸特别丰富，但赖氨酸、蛋氨酸、色氨酸含量较少。

饲用价值：其蛋白质多为胶质蛋白，消化利用率低，不宜多喂，如与干鱼粉、骨粉配合使用，可平衡营养，提高效果，一般在饲料中添加 2%~5%。

饲料酵母

泛指以糖蜜、味精、酒精、造纸等废液为培养基生产的酵母菌菌体，外观呈淡褐色。

营养特点：粗蛋白含量一般为 40%~60%，与鱼粉相比，其蛋氨酸含量较低，但赖氨酸、苏氨酸、色氨酸含量高，B 族维生素含量丰富，其生物学价值高于植物性蛋白质饲料。

饲用价值：适口性差，有苦味，在饲料中的用量一般为2%~5%。

粗饲料

树叶类

我国树木资源丰富，除少数树叶不能饲用，大多数树叶、嫩枝、果实都可以作为家兔饲料。

营养价值：槐叶、榆树叶等粗蛋白含量都在15%以上，维生素、微量元素含量丰富。松针粉外观呈草绿色，具有松针特有气味，富含维生素C、维生素E及B族维生素，钙、磷含量较高，蛋白质由17种氨基酸组成，必需氨基酸含量丰富。

饲用价值：槐树叶、杨树叶和桑树叶，晒干、粉碎后可代替50%的苜蓿粉喂兔。鲜嫩的桦树叶、榆树叶、椴树叶等汁多味美，富含微量元素，兔子爱吃也易消化，且有利于母兔产乳。苹果树叶也是很好的兔饲料，但应注意喷药后10天内不能收集树叶喂兔。柏叶、松叶等晒干、粉碎后皆可用来喂兔，每兔每日喂20~30克。但叶本身常含有单宁，木质素含量较高，使得适口性较差，消化率下降；在家兔饲料中添加3%~5%的松针粉，可以促进动物健康，提高生产性能。

青干草

由青草收割后干制而成。

营养价值：其营养价值取决于制作原料的种类、生长阶段与调制技术。豆科牧草的蛋白质质量和数量均高于禾本科，而能量则基本相近。在调制方式上，采用草架和棚内干燥及人工干燥的干草质量好于地面晒制的。特别是采用高温人工干燥（使青草在500~1000℃下10秒完成干燥），几乎可以保存青草全部的营养成分。

饲用价值：作为家兔的主要粗饲料，可以在饲料中大量使用，一般用量可达30%以上，青干草使用得当，可以满足家兔营养需要，提高家兔健康水平。常用的青干草有各种野生、栽培牧草等。

甘薯秧

甘薯地上部分茎叶晒干或晾干后经粉碎的粗饲料，是中国甘薯种植地区农家常用养猪饲料之一。

甘薯的地上部分可分成叶片、叶柄与茎三部分，三者的风干重比例大体是32∶14∶54。不同收贮条件下的甘薯地上部分的茎叶比有着鲜明差异，因收割、晾晒方法不同，叶片丢失比例也不同。霜后收获，特别是收贮方法不当时，叶柄及叶片部分极易丢失，只剩叶柄与茎的甘薯秧的营养价值只相当于普通干草。

营养价值：鲜甘薯茎及叶柄的平均含水量为89.4%（85.0%~93.4%）。叶片中的含水量较低，平均为83.0%（74.1%~87.9%）。叶片干物质中粗蛋白质含量可高达25%，叶柄中也含有约14%的粗蛋白质。用天然比例的叶+叶柄制成的草粉，粗蛋白质含量可达20%，粗纤维含量在15%以下，按国际饲料分类原则，应属蛋白质饲料。但甘薯茎的营养成分与一般农作物秸秆相似。甘薯秧的质量取决于其茎叶比，根据模拟测算，茎叶比为25∶75的全株干物质的营养价值属于能量饲料，大于这个比例的，全部属于粗饲料。

饲用价值：作为家兔粗饲料可以大量使用，一般用量为10%~20%。应防止发霉变质。

秸秆

指各种农作物成熟、收获籽实后的副产品。

营养价值：玉米秸、豆秸的质量较好，总的营养缺点是粗纤维含量高，粗蛋白质含量低，其中玉米秸、豆秸收贮方法得当，可得到质量较好的粗饲料；小麦秸与稻草中的蛋白质含量较低，多在4%以下。

饲用价值：秸秆类饲料由于木质素含量较高，消化率较低，家兔饲料中使用量不宜过大，一般在20%以内为宜，仔兔中使用应该更低一些。

酒糟

谷物酿酒的副产品，可分为啤酒糟和白酒糟两种。

营养价值：啤酒糟是由大麦酿制啤酒时所产生的副产品，去除麦芽根、废啤酒花、啤酒酵母后的产品，其组成中除了大麦残渣，还常常含有部分玉米和稻谷残渣，所以成分变异很大，其粗纤维含量很高，一般为15.5%~20.4%，干物质中有效能含量较低（代谢能为11.2兆焦/千克）；蛋白含量为18%~26%，在反刍动物瘤胃内的降解率为60%左右；啤酒糟中含有丰富的B族维生素，磷含量较高而钙含量较低。白酒糟是谷物（主要是玉米、高粱）浸提出乙醇后的副产品，其干物质中粗蛋白含量为20%~28%，粗纤维含量为16%~21%，含有较高脂类（5%~8%）；矿物质中钠和钾含量较低，缺少钙质。

饲用价值：酒糟作为家兔饲料，不宜使用过多，一般添加量控制在10%以内。

青绿多汁饲料

苜蓿

苜蓿属豆科苜蓿属多年生草本植物，喜温暖、半潮润到半干旱气候条件，耐盐碱，耐旱，不耐水淹，再生能力强，常见的有紫花苜蓿和黄花苜蓿两类，以前者分布最广，主要分布在西北、华北和东北地区，是我国目前栽培最多的牧草。可以单播，也可以与禾本科牧草，如羊草、苏丹草、无芒雀麦混播。品质好，产量高，被称为“牧草之王”。其蛋白质含量高，每公顷苜蓿含粗蛋白1500~3000千克，相当于18.75~37.5吨玉米所含的蛋白，必需氨基酸齐全，干物质中赖氨酸含量是玉米的5倍；富含维生素和矿物质，其中钼0.2毫克/千克，钴0.2毫克/千克，胡萝卜素18~161毫克/千克，维生素C 5~6毫克/千克，B族维生素5~6毫克/千克，维生素K为150~200毫克。苜蓿适口性好，消化率很高，有机物消化率一般可达60%~80%，粗纤维可达40%以上。不论鲜喂还是制成干草，都是家兔的优质饲料。具体情况见表4-3。

表4-3 苜蓿营养成分（%，风干物质基础）

收割时期	水分	粗蛋白	粗灰分	粗纤维	无氮浸出物	粗脂肪
现蕾期	9.98	19.67	8.42	28.22	28.58	5.13
10%开花	7.64	21.01	7.74	23.27	37.83	2.47
50%开花	8.11	16.62	8.17	27.12	37.25	2.73
盛花期	73.8	3.80	2.20	9.40	10.7	0.30

三叶草

豆科三叶草属多年生草本植物，常见的品种是红三叶和白三叶。我国主要是红三叶，主要分布在华南、西南、新疆等地，是长江以南重要的种植牧草。喜欢温暖的海洋性气候，不耐旱，不耐热，耐潮湿水淹，喜酸性及中性土壤，不耐盐碱。为良好的豆科牧草，叶量大，草质柔嫩，营养丰富，适口性好，饲用价值高，家兔喜食。再生能力强，利用年限长，产量高，一般每公顷可产鲜草：北方30~37.5吨，南方60~75吨，收种子45~105千克。可利用40~50年。具体情况见表4-4。

表 4-4　三叶草营养成分（占干物质%）

出种	粗蛋白	粗脂肪	粗纤维	无氮浸出物	灰分	钙	磷
红三叶：现蕾期	20.4	5.0	16.1	49.7	8.8	—	—
红三叶：开花期	15.0	4.0	28.2	45.5	7.3	—	—
白三叶	24.7	2.7	12.5	47.1	13.0	1.72	0.34

引自：缪应庭，饲料生产学。

串叶松香草

串叶松香草又叫松香草、杯草，为菊科松香属多年生草本植物。喜温暖湿润气候，抗寒，耐热，抗旱，不耐涝，喜酸性及中性土壤，肥沃的沙壤土及壤土种植最好。自 1979 年从朝鲜引种成功后，在我国南北多有种植。营养丰富，干物质中粗蛋白 23.4%，粗脂肪 2.7%，粗纤维 10.9%，无氮浸出物 45.7%，粗灰分 17.3%，赖氨酸 1.16%~1.4%，还含有维生素 C、维生素 E 及胡萝卜素，是一种极具发展前途的优质牧草。适应性强，好管理；适口性好，各种畜禽均喜食，可以鲜喂，也可作青贮和制成干草或颗粒饲料饲喂，尤其适合青贮；而且还是很好的蜜源、水土保持和观赏花卉。生长迅速、产量高，春播的可刈 1 次，每公顷可产鲜草 50 吨以上，第二年割 2~3 次，每公顷产鲜草 100~200 吨。串叶松香草中含苷类物质，勿长期单喂，以防积累中毒，并掌握好日粮搭配。

聚合草

聚合草又叫饲用紫草、友谊草、爱国草，属紫草科聚合草属多年生丛生型草本植物。抗寒，耐热，具有一定的抗旱性，除低洼地和重盐碱地均可很好生长，在我国广为栽培。叶片肥厚，柔嫩多汁，营养丰富，鲜草含干物质 10%左右，干物质中蛋白质、脂肪含量高，粗纤维含量低，钙、磷比例适宜，而且含有丰富的维生素，其中胡萝卜素 200 毫克/千克，核黄素 13.8 毫克/千克。株大叶茂，产量高，每公顷产量110~150吨。有粗硬刚毛，影响适口性，家畜可逐渐适应，可青饲、打浆、青贮，也可制成干草贮存使用。其茎叶中含有吡咯双烷类生物碱，对家兔肝脏有害，日粮中所占比例不宜超过干物质的25%，也可与其他饲料搭配使用。其营养成分见表4-5。

表4-5 聚合草营养成分

收割时期	水分（%）	占风干物质（%）					
		粗蛋白	粗脂肪	粗纤维	无氮浸出物	钙	磷
第二茬	93.33	18.41	1.35	14.69	41.83	1.5	1.2
第三茬	92.34	24.15	2.87	12.01	39.16	1.4	1.2
第四茬	90.05	23.42	1.31	12.97	42.41	1.31	1.11
第五茬	84.90	26.43	2.92	8.43	43.82	1.73	0.8

苕子

豆科野豌豆属一年生或越年生草本植物。生长期长，成熟期晚，耐干旱，不耐水淹；耐寒，不耐高温；喜沙质壤土，耐阴，耐盐碱。可分为普通苕子和毛苕子，在江苏、安徽、河南、山东、陕西、甘肃均有栽培。普通苕子营养价值较高，茎叶幼嫩，适口性好，鲜草中的蛋白质含量与苜蓿、三叶草相似；用作青饲的宜在盛花期刈割，用作调制干草的宜在荚期刈割；种子大，产量高，含蛋白30%，粉碎后可作精料用。毛苕子茎叶较细，蛋白质和矿物质含量均较丰富，营养价值高于普通苕子，在现蕾期前营养价值最高。普通苕子和毛苕子的种子中均含有配糖体，作精料时应先用温水浸泡24小时后再煮熟，可除掉有害物质。不可大量、长期、连续饲喂。其营养成分见表4-6。

表4-6 毛叶苕子营养成分（风干物质%）

生长阶段	粗蛋白	粗脂肪	粗纤维	无氮浸出物	粗灰分	钙	磷
盛花期	16.21	1.90	36.62	42.70	8.57	1.57	0.28

草木樨

豆科草木樨属一年生或两年生草本植物。适应能力很强，耐旱，耐寒，耐贫瘠，抗盐碱。常见品种有白花草木樨和黄花草木樨，主要分布在河北、内蒙古、甘肃等地。可在贫瘠的土地上播种，也可与农作物轮作、间作或与林木间作。枝繁叶茂，既是优质牧草，又可保持水土、作蜜源植物，还可作药材。综合营养价值低于苜蓿，现蕾前营养价值最高，全株的蛋白质、脂肪和灰分含量最高，粗纤维较少。其种子粗蛋白含量可达 23.5%。随着生长，叶所占比例下降，蛋白质、脂肪和灰分含量下降，粗纤维含量增多，营养价值显著降低。应在现蕾期或之前收割饲喂。为优质牧草，鲜草产量一般为 22.5~45 吨/公顷，可青饲、青贮，也可制成干草，其植株中含有较高的香豆素，有苦味，影响适口性。若贮存不当，可能会产生双香豆素，从而引起维生素 K 缺乏。可通过温水浸泡去除其大部分，也可通过育种方法培育低香豆素品种。

沙打旺

豆科黄芪属多年生草本植物。抗逆性强，适应性广，具有抗旱、耐寒、耐贫瘠、耐盐碱、抗风沙等特点。除了作为牧草，它还可以用来改良土壤，防风固沙，主要在我国的甘肃、内蒙古等沙漠贫瘠土地上种植。一般可单种、间种，也可与其他牧草混种。生长迅速，茎叶鲜嫩，营养丰富，蛋白质含量接近苜蓿，是家兔优良的豆科牧草。幼嫩期直接饲喂最好，也可以制成干草粉。为高产牧草，在生长期为 180 天左右的地区每公顷可产鲜草 105 吨，最高可达 240 吨。沙打旺中含有硝基化合物，在家兔体内可形成 3-硝基丙酸和 3-硝基丙醇，影响神经系统和机体运氧能力，一般家兔饲料中用量不应超过 30%。

黑麦草

禾本科黑麦草属丛生型多年生植物。喜欢温凉湿润气候，抗逆性差，不耐贫瘠和盐碱，在我国南方、西南和华北等地有种植。茎叶繁茂，叶量较多，草质幼嫩多汁，鲜草适口性好，是家兔的优良牧草，蛋白含量在禾本科牧草中属较高种类，必需氨基酸完全，特别是赖氨酸、蛋氨酸、苏氨酸含量丰富；粗纤维含量较高，脂肪含量较低，无氮浸出物在40%左右。生长迅速，产量高，播种当年即可收割，可产鲜草45~75吨/公顷，种子750~1200千克/公顷。生产实践中，黑麦草经常与红三叶、白三叶等豆科牧草混播，每年可收割2~5次。

籽粒苋

苋科苋属一年生草本植物。粮食、蔬菜、饲料兼用植物，喜温暖湿润气候，耐干旱不耐涝，在积水地易烂根死亡，对土壤要求不严，耐贫瘠，抗盐碱，在全国各地均有种植。植株高大，生长迅速，光合率高，营养价值很高，必需氨基酸含量全，赖氨酸含量高；籽粒中蛋白质含量为14%~19%，赖氨酸0.92%~1.02%，含有丰富的钙和维生素C；叶片蛋白质含量23.7%~24%；茎脆嫩，纤维素含量低。高产，抗逆性强，一般在现蕾期收割，一年可收2~3次，每公顷产鲜草75~150吨，可收种子1.5~3吨。适口性好，是家兔的优质青饲料，青饲、打浆、青贮、制干草、草粉都可以，收籽后的秸秆仍为绿色，可以青贮、打浆饲喂。美国籽粒苋营养成分见表4-7。

表4-7 美国籽粒苋营养成分（占干物质%）

样品	粗蛋白	粗脂肪	粗纤维	无氮浸出物	粗灰分	钙	磷
现蕾期茎叶	17.53	1.25	16.61	38.63	25.89	1.74	0.36
开花期茎叶	18.72	0.91	17.85	36.49	26.03	2.71	0.44
成熟期茎叶	15.42	0.61	18.20	45.70	19.08	1.80	0.22
籽实	19.24	7.55	3.09	65.51	4.61	0.40	0.57

引自：缪应庭，饲料生产学。

苦荬菜

鲜嫩多汁，味稍苦，适口性好，具有促食欲、助消化作用，可直接饲喂，也可切碎、打浆。再生能力强，生长快，每公顷可产鲜草75~150吨。其营养含量见表4-8。

表4-8　苦荬菜营养成分（%）

样品	水分	粗蛋白	粗脂肪	粗纤维	无氮浸出物	粗灰分
鲜样	89	2.6	1.7	1.6	3.2	1.9
干样	0	23.6	15.53	14.5	29	17.3

胡萝卜

胡萝卜又叫红萝卜、红根，伞形科胡萝卜属二年生双子叶草本植物，主要在我国华北、华中、东北等地栽培，是春、秋、冬季重要的多汁饲料。喜温暖湿润气候，耐寒，抗旱，喜土层深厚、质地疏松、排水良好、有机质丰富的壤土和沙壤土。属高营养饲料原料，块根、叶中含有大量蛋白质、糖、维生素和丰富的矿物质，特别是含有丰富的维生素A和胡萝卜素，而且磷、钾、铁含量丰富，被誉为最宝贵的廉价饲料。适口性好，耐贮存、运输，家兔非常喜食，是家兔冬春季不可缺少的维生素饲料，适量饲喂，可提高饲料消化率和家兔生长速度，对泌乳母兔和妊娠兔有良好作用。其叶片柔嫩多汁，切碎单喂和混入糠麸，都是家兔的好饲料。产量大，一般每公顷可产块根30~45吨，同时可产叶片22.5~30吨。因水分含量很高，单位鲜样所含营养物质有限，不可作为单一饲料饲喂。其营养含量见表4-9。

表 4-9 胡萝卜营养成分

种类	水分(%)	粗蛋白(%)	粗脂肪(%)	粗纤维(%)	糖(毫克/千克)	胡萝卜素(毫克/千克)	维生素 B_1(毫克/千克)	维生素 C(毫克/千克)	钙(毫克/千克)	磷(毫克/千克)	铁(毫克/千克)
红胡萝卜	89	2.0	0.4	1.8	5.0	2.11	0.04	8.0	19	23	1.9
黄胡萝卜	90	1.9	0.3	0.9	7.0	2.72	0.02	8.0	32	32	0.6

青饲作物

指玉米、麦类、豆类等农作物或饲料作物进行密植，在结实前或籽粒未成熟前收割下来作为家畜的饲料。青饲玉米青嫩多汁，适口性好，含有丰富的碳水化合物，青饲玉米要注意其生长期，待玉米苗长到50厘米左右即可收割。大麦苗是家兔很好的青绿饲料，再生性强，叶茂盛，适口性好。大豆苗营养丰富，叶多，适口性好。幼嫩的高粱和苏丹草中含有氰苷配糖体，家兔采食后容易中毒，可以调制成干草或青贮，使毒物减弱或消失。

水生饲料

水生饲料具有生长快、产量高、不占耕地和饲用时间长等优点。水生饲料含干物质少，能量低，在青绿饲料中属于下等。水生饲料适口性好，但由于水分含量高，经常被微生物污染，在饲喂前最好煮熟，饲喂量不宜过大。各水生饲料营养成分见表 4-10。

表 4-10 不同种类水生饲料营养成分（%）

名称	干物质	粗蛋白	粗脂肪	粗纤维	无氮浸出物	粗灰分
绿萍	6.1	1.3	0.3	0.7	2.2	1.6
水葫芦	5.1	1.0	0.2	0.9	1.0	1.1
水浮莲	6.0	0.7	0.2	1.2	2.0	1.9
水花生	8.0	1.4	0.4	1.7	2.4	2.1
水竹叶	9.7	1.3	0.2	1.5	3.5	3.2
水芹菜	6.6	1.1	0.1	1.1	2.7	1.6

矿物质饲料

骨粉

由动物骨骼经高压灭菌、粉碎而制成的产品。钙、磷比例适当，是补充钙、磷的良好原料。但其原料来源、制作方法不同，质量差异较大，一般简单蒸煮的骨粉钙、磷含量较低，钙含量约为24%，磷为8%~10%，蛋白质15%~20%，这类骨粉有异味，常携带大量致病细菌，容易发霉变质，不易保存。经蒸制脱脂、脱胶的骨粉为白色粉状，无臭味，钙含量25%~30%，磷含量12%~15%，可以长期保存而不变质，在饲料中一般加入1%~3%。

食盐

主要成分是氯化钠，纯度应在95%以上，含水不超过0.5%，粒度要求100%通过孔径为0.61毫米的筛。

石粉

又叫石灰石粉，为天然的碳酸钙，含钙38%~39%，来源广、价廉，动物对其利用率较高，是补充钙质的最简单来源。饲用石粉中镁的含量应低于0.5%。

贝壳粉

贝壳粉是海滨堆积的贝壳先进行清洗，然后粉碎制得的产品。主要成分为碳酸钙，含钙35%~38%，纯度在95%以上，其吸收利用率比石粉稍好。使用时要注意防止微生物污染。

蛋壳粉

由蛋壳制成，制作时应注意消毒，烘干时最终产品的温度应达到132℃，以避免蛋白质腐败和携带病原菌，最后粉碎制得成品。含钙24%~27%，含有的有机质主要为蛋白质，为12%左右。是畜禽的良好钙源。

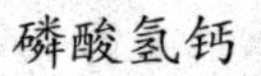

磷酸氢钙

白色或灰白色粉末，含磷量约18%，含钙23%。其中的钙、磷利用率高，是优质的钙、磷补充饲料。我国饲料级磷酸氢钙的标准为：含磷不低于16%，含钙不低于21%，含砷不超过0.003%，含铅不超过0.002%，含氟不超过0.2%。

麦饭石

钙碱性系列岩浆结晶产物，主要成分是氧化铝和氧化硅，共含矿物质元素7大类54种，主要有铜、锌、锰、钴、硒、锂、锶、矾、钼、镍等，外观颜色为黄色、黄灰色或黄白相间，颗粒疏松，刚性差，粉碎成0.172~0.30毫米颗粒后可作添加剂使用。进入消化道后，在酸性条件下，释放出无机金属离子，被机体吸收后，参与酶促反应，调节新陈代谢，促进生长，提高生产性能；表面形成棉絮状结构，其絮格孔道和空腔使其具有较强的吸附性，本身的钙、酶、钾等可与重金属离子进行交换，从而达到解毒作用。测定表明，对砷、铬、镉的吸附率为86%~99%，对大肠杆菌吸附率为99.9%，1克麦饭石还可吸附二氧化硫0.48毫克；具有明显的生物活性，能增加动物肝脏中DNA和RNA的含量，使蛋白质合成增多，提高抗疲劳和抗缺氧能力，增加血清中抗体水平，提高机体免疫力。在家兔饲料中添加1%~3%，可以提高饲料利用率，降低有害气体的排出量。

膨润土

属斑脱岩，是一种以蒙脱石为主要成分的黏土，俗称“白黏土”，主要成分为钙（10%）、钾（6%）、铝（8%）、镁（4%）、铁（4%）、硅（30%）、钠（2.5%），还有少量锌、锰、钴、铜、铝、钼、钛等微量元素。外观颜色为淡黄色或浅灰色。含有对畜禽机体有益的矿物质元素，进入肠道后，可促进机体内酶、激素的活性或提高免疫力；可以吸附机体内的有毒有害物质，如氨气、硫化氢气体，吸附肠道中的病菌，抑制其成长。在饲料中加入膨润土一是可直接作饲粮成分；二是作为微量元素的载体或稀释剂；三是作为颗粒饲料的载体。家兔饲料中可以添加1%~3%。

沸石粉

一种天然矿石，有多种不同类型，其分子结构为开放型，具有许多空腔和孔道，内含的金属阳离子和水分子与阴离子骨架联系较弱，使得沸石具有吸附气体、离子交换和催化作用。可以吸附氨气、硫化氢等有害气体。以铝硅酸盐为主，内含畜禽所需的多种矿物质元素，但由于种类、产地、品位不同，其成分含量差异较大。可以作为畜禽的生长促进剂，直接添加到饲料中或作为饲料添加剂的载体或稀释剂使用。日粮中少量使用，可以提高畜禽生产能力，减少肠道疾病，减轻畜舍臭味，一般要求其粒度直径为1.10~1.21毫米。家兔饲料中可以添加1%~3%。

添加剂

维生素添加剂

是一类动物需要量极少，但在动物机体中作用很大的低分子有机物。在机体内主要是以辅酶或辅基的形式调节机体新陈代谢，对维持动物健康和幼体生长具有重要意义。主要是用来向饲料中添加的化工合成或微生物发酵生产的脂溶性和水溶性的维生素单体或稀释剂。

氨基酸添加剂

赖氨酸：白色结晶粉末，无臭或稍有异味，略具潮解性，易溶于水，极难溶于乙醇，水溶液pH为5~6。使用时应注意：天然赖氨酸的ε-氨基活泼，易在加工、贮存过程中失活，故可被利用的氨基酸一般只有化学分析值的80%左右；L-赖氨酸盐酸盐的活性为L-赖氨酸的78.8%，计算配方时应予注意；育肥兔应特别注意添加，其促生长作用明显。作为饲料添加剂，赖氨酸除了有L型赖氨酸盐酸盐，还有DL型赖氨酸盐酸盐商品形式，但动物本身不能利用D型赖氨酸，故在使用时应注意其L型赖氨酸的具体含量。

蛋氨酸：有DL型蛋氨酸和蛋氨酸类似物两种添加剂形式，化学合成的蛋氨酸为D型、L型混合的化合物，为白色片状或粉末状结晶，具有微弱的含硫化合物气味，稍甜，易溶于水、稀酸和碱，微溶于醇，不溶于乙醚。其1%水溶液pH为5.6~6.1，无旋光性。产品纯度在98.5%以上，天然存在的D型、L型蛋氨酸的生物学价值一样。蛋氨酸类似物的产品种类有液体羟基蛋氨酸和羟基蛋氨酸钙盐，其中液体羟基蛋氨酸含88%以上，是深褐色黏性液体，含水约12%，有硫化物特殊气味，其pH为1~2，是单体、二聚体和三聚体的平衡混合物。羟基蛋氨酸钙盐是液体羟基蛋氨酸与氢氧化钙或氧化钙中和，经干燥、粉碎、筛分而得的产品，含93%以上，为浅褐色粉末或颗粒，有含硫基团的特殊气味，可溶于水。蛋氨酸类似物的饲料特性为：①是蛋氨酸的供应源之一，一般认为液态羟基蛋氨酸的生物活性是DL-蛋氨酸的88%，MHA钙盐为86%。②液态蛋氨酸在使用时需要特殊的设备，混合于饲料中，成本低，无粉尘，但需要贮存于密闭容器中，适合于大型饲料企业，而MHA钙盐作用与DL蛋氨酸相同，适用于中小饲料企业。

蛋氨酸在家兔饲料中使用，可以提高毛皮发育，改善家兔毛皮质量。

苏氨酸：无色或浅黄色结晶，有极弱的特殊气味，易溶于水，不溶于无水乙醇、醚和三氯甲烷，一般以麦类等谷物为主要饲料原料时，需添加苏氨酸。在仔兔饲料中使用，可以提高仔兔的生长速度，改善饲料利用率。

微量元素添加剂

指用来补充动物所需、常规饲料不足的微量营养元素的少量添加剂。一般需要向饲料中添加的微量元素有铁、铜、锌、锰、硒、碘、钴等。主要有三种形式，第一种是无机盐形式，主要有硫酸盐、碳酸盐和氧化物。其中以硫酸盐形式应用最为广泛。无机盐形式原料来源广泛，价格便宜，但适口性较差，易吸水结块，影响加工、混合性能。第二种是有机酸类，如柠檬酸类、延胡索酸类等，这种形式的原料适口性好，但价格较贵，吸收利用率一般，在饲料中使用较少。第三种是有机微量元素螯合物，即微量元素与氨基酸或蛋白质以配位键形式结合，这类物质由于氨基酸和微量元素结合，使得微量元素的吸收是以氨基酸或肽的形式吸收，从而大大提高了微量元素的吸收利用率，同时，由于微量元素与氨基酸结合成螯合物，稳定性明显提高，不会与消化道内其他物质结合而影响其吸收利用，所以微量元素氨基酸螯合物是最有前途的一类微量元素添加剂。常用微量元素添加剂见表4-11。

表4-11　常用微量元素添加剂

元素	常用原料
铁	硫酸亚铁、氯化亚铁、碳酸亚铁、富马酸亚铁、柠檬酸铁、乳酸亚铁、葡萄糖酸铁铵、氨基酸螯合铁（赖氨酸亚铁、蛋氨酸亚铁、甘氨酸亚铁、DL-苏氨酸铁及亚铁）、酵母铁等
铜	硫酸铜、氯化铜、氧化亚铜、碳酸铜、碘化亚铜、醋酸铜、蛋氨酸铜、葡糖酸铜、甘氨酸铜、酵母铜等
锌	硫酸锌、氧化锌、氯化锌、碳酸锌、醋酸锌、乳酸锌、蛋氨酸锌、甘氨酸锌等
锰	硫酸锰、碳酸锰、氯化锰、氧化锰、醋酸锰、柠檬酸锰、葡萄糖酸锰、甘氨酸锰、蛋氨酸锰
硒	亚硒酸钠、硒酸钠、亚硒酸钙、蛋氨酸硒
碘	碘化钾、碘酸钙、碘酸钾、碘化钠、碘化亚铜、过碘酸钙
钴	氯化钴、硫酸钴、碳酸钴、氧化钴、乙酸钴、葡萄糖酸钴
其他	吡啶羧酸铬、酵母铬、氯化铬、硫酸铬、钼酸铵、钼酸钠

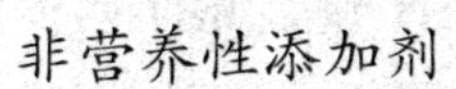

非营养性添加剂

抗生素：属低分子有机化合物，一般是由某些微生物产生的能抑制或杀死其他微生物的代谢产物，目前有些抗生素已能够人工合成或半人工合成。抗生素饲料添加剂在家兔饲养中应用已经有几十年了，种类繁多，常用的有金霉素、青霉素、链霉素、泰乐菌素、马杜拉霉素、螺旋菌素、杆菌肽锌等。主要功能是预防疾病，促进生长，提高饲料转化率，提高动物产品数量等。多年来，对抗生素的使用一直存在的争议，主要集中在以下几点：一是畜产品中药物残留是否会影响人体健康；二是动物长期使用药物是否会引起人类抗药性；三是人类食入有药物残留的动物产品，是否引起过敏反应。在使用抗生素时应注意下列事项：①最好选用动物专用的，吸收和残留少的，不产生抗药性的品种。②严格控制使用剂量，保证使用效果，防止副作用。③抗生素的作用期限要做具体规定，大多数抗生素消失需要的时间为3~5天，故一般规定在屠宰前7天停止使用。

抗球虫药：抗球虫药是家兔饲料中经常添加的药物添加剂，目前常用的抗球虫药有：氯苯胍、敌菌净、磺胺二甲嘧啶、球净、地克珠利等。为达到较好效果，抗球虫药应轮换着使用，以免产生抗药性。

抗氧化剂：是指为防止饲料中脂类物质氧化酸败，引起饲料质量下降而向饲料中加入的延缓或防止油脂自动氧化的物质。作为饲料添加剂的抗氧化剂有天然和化学合成两类。第一类是天然抗氧化剂：其中维生素E是最重要的一种，也是目前唯一可以工业化生产的天然抗氧化剂。第二类是化学合成的抗氧化剂：可用于饲料的有乙氧喹（山道喹）、二丁基羟基甲苯（BHT）和丁基羟基茴香醚（BHA），其中：BHT为白色结晶粉末，无臭无味，在饲料中的用量一般是 60～120 毫克/千克，BHA 通常是 3-BHT 和 2-BHT 两种异构体的混合物，对热稳定，在饲料中的最大使用量是油脂含量的 0.02%；BHA 除具有抗氧化能力，还具有较强的抗菌能力，200 毫克/千克的添加量即可完全抑制饲料中青霉、黑曲霉孢子的生长，250 毫克/千克的添加量则可完全抑制黄曲霉的生长及黄曲霉毒素的产生。乙氧喹的抗氧化能力较强，是维生素 A 的稳定剂，在饲料中的添加量最大不应超过 0.015%。

防霉剂：具有抑制微生物生长与代谢的作用，在饲料中适当添加，可以抑制霉菌孢子的生长及其毒素的产生，并防止因饲料发霉而引起的动物中毒。在配合饲料中使用较多的防霉剂多为丙酸及其盐类，有时也可使用山梨酸及其盐类、异丁酸和其他有机酸及其盐类。如：丙酸为腐蚀性且具有特异气味的液体，影响适口性，在饲料中一般用量为 0.2%～0.45%；丙酸铵添加量视饲料水分而定，一般为 0.3%～1%；富马酸又称延胡索酸，除防霉，还具有提高饲料酸度、改善口味、改善肠道微生物区系、提高饲料利用率作用，在饲料中的添加量一般为 0.5%～4%；山梨酸在饲料中的用量一般为 0.05%～0.15%；山梨酸钾，一般用作代乳品的防腐剂，添加量一般为 0.05%～0.3%；柠檬酸，在饲料中用量一般为 0.5%～5%。

酶制剂：是为帮助消化机能尚未发育完全的生长幼畜提高对饲料营养物质的利用率，或辅助家畜提高对难消化饲料成分的消化，向饲料中添加的外源性的消化酶制剂。用于饲料中的消化酶主要有蛋白酶、脂肪酶、纤维素酶、淀粉酶、果胶酶、寡聚糖酶及植酸酶等。家兔饲料中经常使用的酶制剂主要是以纤维素酶为主的复合酶制剂。添加量一般为 0.1%～1%。

益生素：指能够用来促进生物体微生态平衡的一些有益微生物或其发酵产物，它与抗生素的作用机理不同，抗生素是直接杀死或抑制有害菌的生长，而益生素则是通过促进有益菌的增长来达到抑制有害菌数量的目的。

使用抗生素，效果较快，但由于有益菌同时被抑制，容易造成二次感染，而益生素经过有益菌与有害菌竞争性抑制，虽然作用速度较慢，但它能将有害菌排除，同时也能使肠道微生态环境正常化，以达到治疗目的，并且不会产生抗生素可能产生的副作用。

目前，常用的益生素菌种有枯草芽孢杆菌、蜡样芽孢杆菌、双歧杆菌、乳酸杆菌、链球菌、酵母菌等。

吸湿剂和黏结剂：吸湿剂主要用于添加剂预混料的生产过程，特别是维生素、微量元素等添加剂预混料，常常需要使用吸湿剂，以控制其中的水分，保证它们的有效性。常用的一种吸湿剂是蛭石。蛭石的结构中有很多毛细管，可吸附相当于本身体积50%的液体。与抗结块剂、吸湿剂一样，黏结剂也是一种为改善饲料加工性能所使用的添加剂。黏结剂主要用于水产饲料的生产。常用的有木质素磺酸盐，在配合料中的最大用量为3%；膨润土，最大用量为3%；羧甲基纤维素及其钠盐，最大用量为0.3%；聚甲基脲，最大用量为0.25%。

此外，聚丙烯酸钠、络蛋白酸钠、海藻酸钠、α-淀粉以及一些树脂类化合物等，也是常用的黏结剂。

常用家兔饲料的调制【全价料】

全价饲料的配方设计方法

全价饲料是指依据动物不同品种和生长阶段，由多种原料按一定配方经科学加工而成的具有一定形状、营养完全的配合饲料。全价饲料的质量好坏，关键在于配方是否科学合理，配方的设计方法主要有对角线法、试差法和计算机法等。

对角线法：又叫方块法、四角法、图解法，在饲料种类不多、营养指标较少时可采用这种方法，它比较简单。缺点是在饲料种类及营养指标较多时，采用这种方法计算要反复进行两两组合，比较麻烦，而且不能使配合日粮同时满足多项营养指标。例如，使用玉米（CP9%）、豆饼（CP40%）配制一个粗蛋白14%的日粮，则可进行如下计算：①作十字交叉图，将配合日粮蛋白含量14%放在交叉处，玉米和豆饼蛋白含量分别放在左上角和左下角，然后以左上、左下角为出发点，各项对角作交叉，大数减小数，所得数分别记在右上角和右下角。②计算所得各差数，分别除以两差数的和，就得到两种混合饲料的百分比：玉米应占比例：26/（26+5）= 83.9%，豆饼应占比例：5/（26+5）= 16.1%。

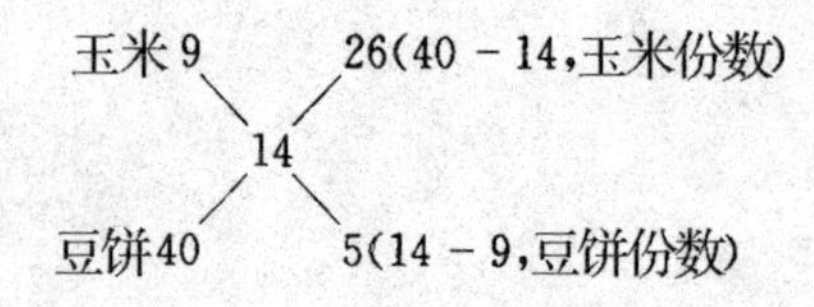

试差法：又叫凑数法，是目前国内比较普遍采用的方法之一。

其具体做法是：根据经验初步拟定各种原料的大致比例，然后用各自比例去乘该原料所含的各种养分百分含量，再将各种原料的同种养分之积相加，即得到该配方各种养分的总量。将所得的结果与饲养标准比较，若有任何一种养分超过或不足时，可通过增加或减少相应的原料比例进行调整和重新计算，直到所有的营养指标都基本满足要求为止。这种方法简单易学，掌握后可以逐步深入，用于各种配料技术，缺点是计算量大，十分繁琐，盲目性较大，不易选出最佳配方，成本可能较高。

计算机法：根据线性规划原理，在规定多种条件的基础上选出最低成本饲料配方，它主要是根据所用原料的品种和营养成分，以饲养标准中规定的各种营养物质的需要量及饲料原料的供应情况、市场价格变动情况为主要条件，将有关资料数据输入计算机，并提出约束条件：如饲料配比、营养标准、价格等，依据线性规划原理计算出能满足要求而价格最低的饲料配方。用计算机设计饲料配方的优点是速度快，计算准确，但其所作配方很难考虑饲料的适口性、容积、有毒有害物、抗营养因子的含量，因此，需要有专业技术人员进行操作和调整才能得到合适的配方，此外，计算机配方需要较为昂贵的设备和专用软件，比较适合于大型饲料厂和养殖场使用。

家兔全价饲料配制

现根据兰州畜牧研究所制定的饲养标准和饲料营养价值表为标准，应用试差法为肉兔配制全价饲料。

第一，依据饲养对象选择饲养标准，确定营养需要量。肉兔每千克饲料中应含有消化能 10.45 兆焦，粗蛋白质 16%，粗纤维 14%，钙 0.5%，磷 0.3%，赖氨酸 0.6%，蛋氨酸+胱氨酸 0.5%。

第二，选择饲料原料并依据营养价值表或实测获得饲料养分含量。选择的原料有苜蓿、麸皮、玉米、大麦、豆饼、鱼粉。具体情况见表4-12。

表4-12 各种原料营养含量

饲料	蛋白（%）	消化能（兆焦/千克）	粗纤维（%）	钙（%）	磷（%）	赖氨酸（%）	蛋氨酸+胱氨酸（%）
苜蓿草粉	11.49	5.81	30.49	1.65	0.17	0.06	6.41
麸皮	15.62	12.15	9.24	0.14	0.96	0.56	0.28
玉米	8.95	16.05	3.21	0.03	0.39	0.22	0.20
大麦	10.19	14.05	4.31	0.10	0.46	0.33	0.25
豆饼	42.30	13.52	3.64	0.28	0.57	2.07	1.09
鱼粉	58.54	15.75	0.0	3.91	2.90	4.01	1.66

第三，日粮初配。根据经验或现成配方，初步确定各种原料的大致比例，并计算能量和粗蛋白水平，与营养标准进行比较。初配时，配方总量应小于100%，以便留出最后添加食盐和其他添加剂的空间，一般总比例为98%~99%。具体情况见表4-13。

表4-13 日粮初配营养水平

原料	配比（%）	消化能（兆焦/千克）	粗蛋白（%）
苜蓿草粉	40	2.32	4.60
麸皮	10	1.33	1.72
玉米	25	4.01	2.24
大麦	14	1.96	1.43
豆饼	8	1.08	3.38
鱼粉	1.5	0.24	0.88
合计	98.5	10.94	14.25
与标准比较		0.49	-1.75

第四，配方调整。与标准比较，能量稍高于标准，而粗蛋白含量低于标准1.75%，可用能量稍低而蛋白较高的豆饼替代部分玉米，豆饼蛋白含量为42.30%，玉米蛋白含量为8.95%，每代替1%，蛋白净增0.33%，因此，减少5%的玉米，增加5%的豆饼即可。

从结果看，消化能和粗蛋白含量与标准比较，分别相差0.37和0.08，基本符合要求，粗纤维含量与标准相差0.80，也在差异允许范围之内。调整后的结果见表4-14。

表4-14 调整后的日粮营养水平

原料	配比（%）	消化能（兆焦/千克）	粗蛋白（%）	粗纤维（%）	钙（%）	磷（%）	赖氨酸（%）	蛋氨酸+胱氨酸（%）
苜蓿草粉	40	2.32	4.6	12.20	0.66	0.07	0.024	0.164
麸皮	10	1.33	1.72	1.02	0.02	0.11	0.062	0.031
玉米	20	3.21	1.79	0.64	0.01	0.08	0.044	0.04
大麦	14	1.96	1.43	0.56	0.01	0.06	0.046	0.035
豆饼	13	1.76	5.50	0.47	0.04	0.07	0.269	0.142
鱼粉	1.5	0.24	0.88	0	0.06	0.04	0.06	0.025
合计	98.5	10.82	15.92	14.80	0.80	0.43	0.50	0.43
与标准比较		+0.37	−0.08	+0.80	+0.30	+0.13	−0.10	−0.07

第五，调整钙、磷、食盐、氨基酸含量，添加微量元素、维生素。如果钙、磷不足，可用常量矿物质添加，如石粉、骨粉、磷酸氢钙等。食盐不足部分使用食盐补充，由表4-15可见，钙、磷含量已能满足家兔需要，赖氨酸、蛋氨酸+胱氨酸不足，使用人工合成的L-赖氨酸和DL-蛋氨酸进行补充，微量元素和维生素添加可使用肉兔专用的饲料添加剂补充，食盐不足使用外加补充。

第六，列出配方及主要营养指标。见表4-15。

表 4-15　饲料配方及主要营养指标

	饲料原料	比例（%）
饲料配方	苜蓿草粉	40
	麸皮	10
	玉米	20
	大麦	14
	豆饼	13
	鱼粉	1.5
	食盐	0.3
	微量元素	0.5
	维生素	0.5
	赖氨酸	0.10
	蛋氨酸	0.07
营养含量	营养指标	含量
	消化能（兆焦/千克）	10.82
	粗蛋白（%）	15.92
	粗纤维（%）	14.80
	钙（%）	0.80
	磷（%）	0.43
	赖氨酸（%）	0.6
	蛋氨酸+胱氨酸（%）	0.5
	食盐（%）	0.3

幼兔全价饲料配制

幼兔饲料选择原料时应注意饲料的易消化性和适口性，幼兔消化器官正处于生长发育阶段，消化能力较弱，不能过多食用含木质素较多的秸秆类粗饲料。粗饲料应以优质牧草为主，如苜蓿草粉等。蛋白质饲料以豆粕、花生粕等适口性好、易消化饲料为主，特别注意微量元素、维生素添加要充足，以满足仔兔快速生长需要。此外，可少量使用鱼粉等动物性蛋白饲料，以及富含 B 族维生素的酵母饲料，以补充维生素不足。

生长兔全价饲料配制

生长育肥兔饲料选择上可以草粉、秸秆、大麦、玉米、豆饼、鱼粉等为主，每千克饲料含消化能 10.46～10.88 兆焦，粗蛋白 14%～15%，粗纤维 15%～16%，钙 0.5%～0.6%，磷 0.3%～0.4%。为了降低生长育肥兔饲料的成本，可以加入一定量的杂粕，如花生粕、棉籽粕、菜籽粕、胡麻粕、芝麻酱渣等，但不宜过高，一般总量不应超过日粮的 10%，粗饲料用量可以适当加大，由于成年家兔盲肠发达，可以合成较多的 B 族维生素，饲料中可以减少 B 族维生素的使用，此外，日常可以使用部分青绿饲料。

妊娠兔全价饲料配制

妊娠兔营养需要除了要维持本身营养需要，还要保证胎儿生长发育需要，所以在日粮配制时，要特别注意营养充足和平衡，同时要注意维生素、微量元素供应，以保证胎儿发育。妊娠期间，母兔不能过肥，以免造成难产、死胎，同时，母兔过肥，还会影响哺乳性能；母兔过瘦容易造成流产；应保持中等营养状态。饲料中粗纤维含量要适宜，以免造成母兔便秘。

泌乳兔全价饲料配制

泌乳兔对营养的需要量很大，因为该阶段母兔除了维持自身营养需要，还要特别维持泌乳功能，以保证仔兔生长营养需要。在进行饲料配制时，要注意能量饲料的供应要充足，蛋白质饲料要氨基酸平衡、易消化，同时，为保证泌乳性能和乳脂质量，可以适当向饲料中添加脂肪类饲料。饲料适口性要好，以保证母兔采食量较大。

配制全价饲料应注意的问题

由于全价饲料是直接用来饲喂家兔，而且家兔绝大多数营养来源于此，所以在配制全价饲料时应注意以下几点：①营养丰富，配比平衡。配制饲料由于直接用来饲喂家畜，要求保证饲料中的营养成分应充分满足动物生长、生产需要；各营养元素间要搭配合理，营养平衡，这样既能发挥各种营养元素的生理作用，又不会造成某种营养素的浪费。②适口性好，便于采食。饲料的好坏除了保证营养完全，一个前提条件就是要保证动物爱吃，只有动物采食，才能发挥饲料营养作用；要避免选用发霉、变质、有毒、有异味的饲料，并保证家兔的采食量；此外，可以有意识地向饲料中加入某些风味剂，以掩盖饲料原有的不良味道，以提高饲料适口性。③易于消化。饲料好坏最终表现在饲料的转化率上，只有易于被动物机体吸收利用的饲料才能最终转化为动物产品，所以依据配方配制出的饲料，应符合饲喂对象的消化生理特点，以提高消化利用率。④选择饲料原料的经济原则。饲料作为商品，要取得较好的经济效益，就必须在保证饲料质量的基础上尽量降低成本，因地制宜，因时制宜，尽量利用本地区现有的饲料资源，减少运输等费用，同时在选用营养丰富、质量优良而价格低廉饲料的基础上，力求多样搭配，从而达到营养互补的作用。

全价饲料的加工工艺

配合饲料加工工艺是生产配合饲料整个过程中各个工序的总称。生产工艺流程中各道工序的工作质量直接影响到产品的质量，其中最主要的包括清理、粉碎、计量、混合、调质、制粒、包装等几步。当前我国配合饲料加工主要采取两种加工工艺，即先粉碎后混合和先混合后粉碎工艺。

先粉碎后混合工艺：指将需要粉碎的原料用粉碎设备逐一粉碎后，分别进入各自的中间配料仓，然后按照饲料配方的配比，对这些粉状的能量饲料、蛋白质饲料、添加剂饲料逐一计量后，进入混合设备进行混合，或再进入制粒系统制成颗粒饲料。这种工艺可以充分发挥粉碎机功能，降低电耗，提高产量，降低生产成本；缺点是需要较多的料仓，工艺复杂。

先混合后粉碎工艺：将各种原料按照饲料配方的配比，采用计量的方法混合在一起，然后进行粉碎，粉碎好的原料进入混合设备进行分批或连续混合，然后再制粒。这种工艺优点是工艺简单，结构紧凑，投资少，节省动力；缺点是部分粉状饲料经过粉碎粒度过细，影响粉碎机功能，浪费电能。

全价饲料的贮存

配合饲料在贮存过程中，影响饲料质量的主要因素首先是饲料本身，饲料中的某些营养成分如不饱和脂肪酸在贮存过程中会氧化变质，使饲料营养价值下降；其次是气象因素如温度、湿度，会降低维生素等活性营养素的有效含量；此外，饲料中含有的微生物（霉菌）等也会在适当条件下生长繁殖，一方面消耗掉养分，另一方面产生有毒有害物质，降低饲料安全性。饲料贮存主要应从三个方面入手：①仓库设施要具备不漏雨、不潮湿、门窗齐全、防晒、防热、防太阳辐射功能。②饲料堆放要合理，仓内堆放要在地面做好防潮工作，不要紧靠墙壁，要留一人行道。袋包间要有空隙，便于通风、散热。③平时加强库房卫生管理，经常消毒灭鼠，严格检查，防止发霉、生虫。注意室内温度、湿度保持相对恒定。

常用家兔饲料的调制【预混料】

微量元素预混料设计

常规饲料原料中含有的各种微量元素很难满足家兔的营养需要，所以需要额外以预混料的形式向饲料中添加。微量元素配方设计时，除了考虑不同阶段需要量不同，还要注意微量元素间的协同与拮抗作用，以及添加形式对消化吸收的影响。微量元素预混料设计主要按以下步骤进行：①依饲养标准确定微量元素用量。为计算方便，通常是将饲养标准中的微量元素需要量作为添加量，还可参考可靠的研究成果进行权衡，修订微量元素的具体添加种类和数量。②微量元素原料的选择。综合原料的生物效价、价格和加工工艺的要求，选择微量元素原料，同时要查明微量元素的含量、杂质及其他元素的含量，以备应用。③根据原料中微量元素含量和预混料的需要量，计算在预混料中各种微量元素所需的商品原料量，其计算方法是：纯原料量=某微量元素需要量/纯品中元素含量；商品原料量=纯原料量/商品原料纯度。④确定载体用量。根据预混料在配合饲料中的比例，计算载体用量。一般认为预混料占全价配合饲料的0.1%~0.5%为宜。载体用量=预混料量-商品原料量。⑤列出微量元素预混料配方。

维生素预混料设计

在集约化饲养中，常规饲料原料中所含的维生素不能满足家兔营养需要，必须通过向饲料中添加维生素饲料添加剂，才能满足家兔不同阶段的生理需要。家兔不同阶段对同一种维生素的需要量变化很大，在确定添加量时，要特别注意使用对象，同时有些维生素易氧化降解，活性较低，为保证效果，一般要有一定的安全余量。维生素预混料设计一般按以下步骤进行：①确定维生素种类和用量。以动物饲养标准为基础，视饲养的具体条件，确定维生素的种类及其使用数量。②确定各种维生素的保险系数。为使预混料中各种维生素在使用时能达到保证剂量，在设计配方时，可依据环境条件加以适当的增量，及安全裕量或保险系数。保险系数的大小应以保证家兔生产的经济效果最佳为度。③计算各种维生素需要添加量，即3=1+2项。④计算维生素商品添加剂原料用量。将各种维生素的添加量换算成商品维生素添加剂原料用量。即商品维生素添加剂原料用量=维生素添加量/维生素商品添加剂活性成分含量。⑤确定载体和载体用量。可作为维生素预混料载体的种类很多，在设计配方时，可根据配方的特点和使用目的选用适宜的载体，然后按维生素预混剂的预定使用量（0.1%~1%）计算载体用量。

复合预混料的配制

复合预混料是由维生素、微量元素、氨基酸、抗生素以及药物类多种添加剂和载体或稀释剂组成的均匀混合物。优点是用户使用方便，通用性强，适用于小型饲料厂和养殖场；缺点是由于多种原料配合，特别是微量元素与维生素接触，容易使维生素失效。复合预混料配方设计主要按以下几步进行：①首先确定预混料在饲料中的添加比例。②计算每吨配合饲料中各种维生素的添加量。③计算每吨配合饲料中各种微量元素的添加量。④计算各种氨基酸、抗生素药物的添加量。氨基酸添加量的确定，主要依据饲养标准计算氨基酸的需要量和推荐配方中各种主要原料氨基酸含量之和的差值；抗生素的添加量一般按该种抗生素的预防添加量添加计算。⑤添加必要的抗氧化剂、防霉剂、调味剂等添加剂成分，添加量按使用说明添加。⑥计算②+③+④+⑤四项之和，计算与预混料设计添加量之差，即为载体和稀释剂的添加量。

配制预混料注意事项

预混料是配合饲料的核心组成成分，它的好坏很大程度上决定了配合饲料质量的好坏，所以在设计预混料时应注意：①超量添加维生素。一般在进行复合预混料设计时，对脂溶性维生素添加量要超量50%~200%，对水溶性维生素添加量要超量10%~20%。②选择稳定性好的原料。选择原料时，如有可能，尽量选择经过稳定处理的维生素原料。③使用硫酸盐作原料时，尽量选择低结晶水或无结晶水的盐类，或选用微量元素的氧化物。④控制氯化胆碱在预混料中的比例。氯化胆碱会严重破坏脂溶性维生素，应尽量控制比例，一般在20%以下。⑤在预混料中加入抗氧化剂。按配合饲料总量每吨加入150克抗氧化剂，可减少维生素损失。⑥适当增加载体或稀释剂的比例。在预混料中增加载体或稀释剂的比例，可降低预混料中微量组分的浓度。⑦抗生素与药物添加问题。由于使用抗生素及化学合成药物会产生抗药性以及动物体组织及产品中药物残留，在添加药物时应特别注意，尽量使用畜禽专用、低残留药物，同时同一种药物不能长期使用，而应几种药物轮流使用。⑧各种微量组分的相互影响。复合预混料中的某些有效成分相互接触时会发生反应而失效，如当有微量元素铁、锌、铜、锰存在时，贮存3个月，预混料中的维生素K会损失80%以上，维生素B_6会损失20%以上；当饲料中含有磺胺类和抗生素时，维生素K的添加量将增加2~4倍，因此在进行复合预混料制作时，微量元素预混料和维生素预混料应单独制作、单独存放，使用前再临时混合，或者加大载体或稀释剂的用量，使复合预混料的用量占配合饲料的1%～2%。同时严格控制预混料的含水量不超过5%。

预混料的加工制作

预混料的生产工艺主要包括原料选择、载体选择、原料预处理、配料、混合等几个步骤。①原料选择。原料选择主要考虑的因素是价格、生物学效价和加工保存的方面，在三方面综合评价的基础上选择合适的原材料。②载体选择。一般要综合考虑载体的承载能力、加工工艺、稳定性及价格等多方面因素，常用的维生素添加剂载体有次粉、脱脂米糠、淀粉、玉米面、玉米芯粉等，微量元素预混料载体有石粉、白陶土、沸石粉、碳酸钙等。③原料预处理。主要是对微量成分的预稀释及易失活有效成分的包被剂稳定化处理。常用的方法有干燥处理、包被处理、添加防结剂。④配料。配料是指将选择处理好的原料按比例混合均匀，并加入防腐抗氧化剂，制成合格的产品，这是加工工艺中对加工设备要求最严格的一环，以保证制成的产品中各种有效成分发挥各自的生理作用。在配料过程中，各种原料除了要达到一定的物理化学指标要求，在添加顺序上也有一定要求，一般添加顺序是：首先添加1/2～2/3的载体，然后加入各种有效成分及抗氧化剂，在加入过程中，注意应将有效成分均匀撒到载体上，然后再加入剩余载体进行混合，为了防止在混合过程中产生大量粉尘，以及提高载体承载能力及降低静电产生，可以在混合之前加入1%～3%的优质矿物油或植物油。⑤混合。混合是指将配好的各种饲料原料在混合机中经一定方式混合均匀，变异系数应小于5%。

预混料的包装与贮存

预混料中含有高浓度微量营养成分，高温、高湿、阳光照射都会使养分损失，失去营养价值，因此预混料包装一般使用覆膜包装或双层包装，以维持质量稳定。预混料贮存首先要注意贮存时间：贮存时间越长，微量成分活性越低，一般要求产品贮存时间为1~4周，最长不能超过半年；其次是贮存条件，预混料的贮存一般要求低温、通风，仓库温度最高不超过31℃，湿度不超过70%，仓库墙顶要有隔热措施，高温季节要强制通风，光线不宜过强。预混料包装口打开后，要尽快使用，不要使其暴露在空气中，不用时，要及时封好包装。

第二节 家兔的饲养与管理准则

家兔饲养的基本要求

严格饲料品质，把好入口关

兔子的消化道疾病约占疾病总数的半数，而多与饲料有关。有了科学的饲养标准和合理的饲料配方还不够，更重要的是饲料原料的质量和饲料配合的技术。生产中，由于饲料品质问题而造成家兔大批死亡的现象举不胜举，主要表现为饲料原料发霉变质，特别是粗饲料（如甘薯秧、花生秧、花生皮）由于含水量超标在贮存过程中发霉变质，颗粒饲料在加工过程中由于加水过多没有及时干燥而发霉的事件也屡见不鲜。此外，还应注意以下草料：带露水的草、被粪尿污染的草（料）、喷过农药的草、路边草（公路边的草往往被汽车尾气中的有毒物质污染，小公路边的草往往被牧羊粪尿污染）、有毒草（本身具有毒性或经过一系列变化而具有一定毒性的草或料，如黑斑甘薯和发芽马铃薯等）、堆积草（青草刈割之后没有及时饲喂或晾晒而堆积发热，大量的硝酸盐在细菌的作用下被还原为剧毒的亚硝酸盐）、冰冻料、沉积料（饲料槽内多日没有吃净的料沉积在料槽底部，很容易受潮而变质）、尖刺草（带有硬刺的草或树枝叶容易刺破兔子口腔而导致发炎）、影响其他营养物质消化吸收的饲料（如菠菜、牛皮菜等含有较多的草酸盐，影响钙的吸收利用）等。限量饲喂有一定毒性的饲料（如棉籽饼、菜籽饼等），科学处理含有有害生物物质的饲料（如生豆饼或豆腐渣等含有胰蛋白酶抑制因子，应高温灭活后饲喂），规范饲料配合和混合搅拌程序，特别是使那些微量成分均匀分布，预防由于混合不匀造成的严重后果。

饲料更换，逐渐过渡

频繁更换饲料是养兔的一大禁忌，这与家兔胃部的消化生理有关。兔子对饲料的适应性远不能与人相比，因为兔子是单胃草食家畜，其消化机能的正常依赖于盲肠微生物的平衡。当有益微生物占据主导地位时，兔子的消化机能正常，反之，有害微生物占据上风时，家兔正常的消化机能就会被打乱，出现消化不良、肠炎或腹泻，甚至导致死亡。因此，在变化饲料时，不能突然更换，要逐渐进行。

比如，从外地引种，要随兔带来一些原场饲料，并根据营养标准和当地饲料资源情况，配制本场饲料，采取三步到位法；前 3 天，饲喂原场饲料 2/3，本场饲料 1/3；再 3 天，本场饲料 2/3，原场饲料 1/3；此后，全部饲喂本场饲料。

适应习性，强化夜饲

野生穴兔是家兔的祖先，昼伏夜行是家兔继承其祖先的一个突出习性之一。饲养中不难发现，兔子白天较安静，多趴卧在笼内休息，活动量较小。而夜间特别活跃。据测定，约 70% 的饲料是在夜间（日落后至日出前）采食的。为了取得好的饲养效果，应合理安排作息时间，将日粮的绝大多数安排在夜间投喂。

各种饲料，科学搭配

家兔生长发育快，繁殖率高，体小而代谢旺盛，需要提供充足而全价的营养。事实上，在自然界，任何单一饲料都不能满足家兔的营养需要，而将不同的饲料科学地进行组合搭配，相互取长补短，就可满足家兔的需要。

保证营养，注重青粗饲料

养兔要以青粗饲料为主，精料为辅。但是，应根据不同生产类型和不同生理阶段去灵活掌握。由于家兔是单胃草食家畜，其发达的盲肠会利用粗纤维的微生物区系及其环境条件。饲料中缺乏粗纤维或粗纤维含量不足，而其他营养（如淀粉、蛋白等营养物质）比例较高，使一些非纤维的营养物质进入盲肠，为一些有害微生物（如大肠杆菌、魏氏梭菌等）的活动创造了条件，将打破盲肠内的微生物平衡，有害微生物大量繁殖，产生毒素而发生肠炎。从家兔肠道特殊的解剖特点、消化特点和营养特点出发，粗纤维是必需的营养素，是其他营养所不能替代的营养素。青粗饲料是粗纤维的主要来源，一定比例的青粗饲料，一方面是家兔的消化生理所需要的，另一方面也是养兔降低成本的重要措施。因此，在保证家兔营养需要的前提下，应尽量饲喂较多的青粗饲料。

因地制宜，酌情饲喂

自由采食好，还是少喂勤添好？对于这一问题要具体情况具体分析。主要根据两点决定：饲料形态和生理状态。饲料形态一般有粉料、颗粒料、青粗饲料（原来自然形态）和块料（指块根块茎类饲料）等。由于粉料不适于家兔的采食习性，饲喂前需要加入一定的水拌湿，使饲料的含水率达到50%左右，显然，这样的饲料自由采食是不合适的。这样的饲料适于分次添加；颗粒饲料含水率较低，投放在料槽中后相对较长的时间不容易发生变化，因此，无论是自由采食，还是分次投喂，都问题不大；青饲料和块料是家兔饲料的补充形式，每天投喂1~2次即可；而粗饲料一般不单独作为家兔的主料，或粉碎后与其他饲料一起组成配合饲料，或投放在草架上，让兔自由采食，以防止配合饲料由于粗纤维不足所造成的肠炎和腹泻。

自由饮水，注重水质

水是家兔的最重要的营养素之一，其作用不亚于任何其他营养素。饮水不足和饮用不合乎要求的水，都是造成消化道疾病的诱因。兔子有根据自己需要调节饮水量的能力，因此，没有必要担心兔子饮水过多而产生副作用。饲养中确有因为饮水而发生问题的，那就是水的质量不合格，主要表现在污染水和不符合饮用水标准的水。

兔饮水应符合人饮用水标准，最理想的水源为深井水。因此，兔场建筑前，应对地下水源进行检测，以免造成不必要的损失。

家兔管理的基本要求

环境控制

为家兔提供舒适而稳定的环境是养好家兔的必备条件，除了避免噪声和其他动物闯入的应激，还要特别注意温度、湿度和通风换气。我国属于大陆性季风气候，一年四季分明，冬季寒冷，夏季炎热，春秋气温变化剧烈，加之气流和湿度的变化，会对家兔产生不良的影响。如果管理工作跟不上，容易出现问题。使各项气象因子保持稳定固然好，但是在我国现有条件下很难做到，而且可能在经济上得不偿失，大面积推广没有实际意义。根据我国各地的环境特点，在兔舍和其他设施上加以改造，做好冬季保温，夏季的防暑，春秋防气候突变，四季防潮湿，天天保持空气新鲜。

冬季采取供温和保温相结合。供温可采取适当的热源，如太阳能、暖气、热风炉等。小规模兔场可使用简易的暖墙，或生煤火，但一定要注意烟筒的安装，防止煤气中毒。保温一是在建筑设计和建筑材料上下工夫，增加兔舍的隔热系数；二是注意门窗和缝隙；三是注意保温与换气的关系，二者不可偏废。在季节的变化过程中，气温的变化伴随而生，对家兔造成不利的影响。尤其是在春季和秋季的换毛季节，也正是气温的较大幅度升降期，应采取措施，防止由于外界气温变化对舍内家兔的不利影响。

对于家兔而言，高湿是百害而无一利的。高温高湿主要发生在夏季，低温高湿主要发生在冬季。为了避免兔舍的高湿，关键是控制兔舍内水的产生，如尽量不使用水冲粪尿沟，尽快排出粪尿沟内的尿液，控制自动饮水器的滴水漏水，禁止无故往地面或粪尿沟内洒水，在高湿季节尽量不使用喷雾消毒等，同时还要及时排出舍内“明水”和“水汽”。

保持舍内空气新鲜是非常重要的。污浊的空气容易诱发传染性鼻炎，并可转化成肺炎等，降低家兔的生产性能。无论春夏秋冬，还是大兔小兔，都必须保证良好的兔舍通风状况。

搞好卫生

家兔是较为娇气的动物，对于疾病的抵抗能力差，对病原菌的免疫力差，对恶劣环境的耐受力和适应性差，要求提供稳定而舒适的环境条件，特别是卫生条件。卫生的范围较广，包括兔舍内的空气卫生（空气新鲜，有害气体浓度低）、笼具卫生（特别是笼底板卫生）、兔体卫生（特别是乳房卫生和外阴卫生）、饲料卫生、饮水卫生、用具卫生（食具、饮具、产箱等）和饲养人员的自身卫生等。兔舍内空气有害气体含量要符合卫生标准，人进入兔舍后没有刺鼻、刺眼和不舒服的感觉。尤其是冬季，保温和通风形成矛盾，都使有害气体积聚，是鼻炎和眼结膜炎的主要诱因。及时清理粪便和减少兔舍湿度，会降低有害气体的产生量；当仔兔、幼兔和商品兔群养在一起时，如果一只兔子发生传染病，很容易使全群感染，应及时将患病的兔子取走，特别是当一只兔子发生肠炎或腹泻时，污染了笼具，对同笼的其他兔子会产生巨大的威胁，如果不及时清理和消毒，是非常危险的；环境的污浊很容易使种兔患外阴炎，发病的种兔与其他兔配种，会使患病兔的数量不断扩大。因此，在种兔配种前应对每只种兔，无论是公兔还是母兔，都认真检查。笼具污浊会使母兔的乳头受到污染，笼具的粗糙又会使母兔乳房受到一定损伤而易被病菌侵入，是仔兔哺乳期间患病的主要原因之一。把好入口关主要是保证饲料和饮水的卫生，同时注意用具的定期消毒和清洗；饲养员的自身卫生往往被忽视，有时候饲养人员就会成为疾病的传播者。比如，当一只兔子发生传染病后，饲养人员进行处理，此后没有对手、鞋等消毒，又继续管理其他家兔。此时饲养员就会成为病原菌的携带者，他所管理的家兔很容易成为被害者。

定期消毒

多长时间消毒一次，没有统一的规定，应根据具体情况而定。当病原微生物含量较多，对兔的威胁较大时，可勤消毒，反之，可延长间隔时间。一般来说，每年春秋季节分别进行一次兔舍消毒，最好是用火焰消毒，将脱落的毛纤维、黏附的微生物一扫而光；每月月中对兔舍进行一次消毒，以不同的消毒液交替使用，可带兔消毒；每周一次器具消毒，包括饲具、饮具、产箱等；发现个别患兔局部消毒，如肠炎、疥癣等；特殊时期每天消毒，如发生急性传染病时（如兔瘟、真菌孢子病等）每天消毒，连续 7 天新建兔舍和兔舍清空时要密封熏蒸消毒。有的兔场频繁消毒，每天一次，其效果不一定好。因为每进行一次消毒，对兔子都是一次应激，会降低其抗病力。消毒的关键是抓好时机，掌握方法，注意关键部位——笼具，注重实效。消毒应因地制宜，如室内养兔，光照不足，舍内湿度大，病原微生物含量高，可适当勤消毒；室外养兔，阳光充足，通风干燥，自然的净化作用强，不必消毒过勤。春秋季节，传染性疾病多发，可进行预防性消毒。治好家兔的传染病后，也应坚持消毒，以彻底杀灭残存在兔场内的病原微生物。

分群管理

不同的品种、不同的生产方向和生产目的、不同性别、生理阶段和不同年龄的兔子对环境的要求不同，管理的要点不同，疾病的种类也有一定差异，因此，应该分群管理，各有侧重，便于分类管理。比如，幼兔的主要疾病之一是球虫病，威胁性很大，而成年兔的带虫率很高（70%左右）。成年家兔尽管有球虫寄生，但没有任何临床症状，即对球虫不敏感。在成兔的粪便里经常排出球虫卵囊，成为对仔兔和幼兔最主要的传染源。如果大小兔混养，对小兔是很危险的。由于兔子的性成熟早，如不及早分开饲养，难免发生偷配现象。大小混养，小兔在竞争中永远处于劣势地位，对生长发育不利。因此，种兔应实行单笼饲养，后备兔的公兔应及早分开饲养，幼兔和育肥兔可小群饲养。为了有效地预防球虫病，有条件的兔场在家兔哺乳期实行母仔分养。半规模化兔场，实行批量配种，专业化生产，将空怀母兔、妊娠母兔和泌乳期的母兔按区域分布，以便实行程序化管理，提高养殖效率和效果。

合理作息

兔场的作息时间应以兔为本，根据兔子的生活习性而安排。家兔有昼伏夜行的习性、耐寒怕热的特点，昼夜消化液分泌不均衡的规律等，我国幅员广阔，纬度和经度跨越较大，每个地区的日出日落时间不同，每个区域的气候特点不一，应根据具体情况作出合理安排。其基本原则是：将一天 70%左右的饲料量安排在日出前和日落后添加；饮水器具内保证经常有清洁的水；粪便每天清理一次，减少粪便在兔舍内的贮存时间，清粪最好安排在早饲后，将一昼夜的粪便清理掉；摸胎在早晨饲喂前空腹进行；母子分离，定时哺乳安排在母乳分泌最旺盛、乳汁积累最多的时间，一般在清晨，应保持时间的相对固定；病兔的隔离治疗应在饲喂工作完成后进行，处理完后及时消毒；消毒应在最大限度发挥药物作用的时间进行，以中午为佳；小兔的管理、编刺耳号、产箱摆放和疫苗的注射等应在大宗管理工作的间隙进行；档案的整理应在每天晚上休息之前完成等。

保持安静

家兔胆小怕惊，养好家兔必须提供安静的环境。尤其是妊娠后期、产崽期、授乳期的母兔和断乳后的小兔，对于环境的应激敏感性强。突然的噪声会造成严重后果。比如：母兔流产、难产、产死胎、吃崽、踏崽等。无论在兔场的建筑选择场地方面，还是在日常的管理中，都应注意这一问题。安静的环境在实际生产中很难做到。经常在安静环境里生活的兔子对于应激因素的敏感度增加。因此，饲养人员在兔舍内进行日常管理时，可与兔子说话，饲喂前可轻轻敲击饲槽等，产生一定的声音，也可播放一定的轻音乐，有意识地打破过于寂静的环境，对于兔子提高对环境的适应性有一定的帮助。但是，一定避免噪声（尤其是爆破音，如燃放鞭炮、急促的警笛等）、其他动物闯入和陌生人的接近。尽量避免在兔舍内的粗暴动作和急速的跑动。

定期检查

家兔的管理有日常检查和定期检查。日常检查就是每天必须观察的事情，比如食欲、精神、粪便、发情等。定期检查是根据家兔的不同生理阶段和季节进行的常规检查。一般结合种兔的鉴定，对兔群进行定期的检查。检查的主要内容有四：一是重点疾病，如耳癣、脚癣、毛癣、脚皮炎、鼻炎、乳房炎和生殖器官炎症。二是种兔体质，包括膘情、被毛、牙齿、脚爪和体重。三是繁殖效果的检查，对繁殖记录进行统计，按成绩高低排队，作为选种的依据。首先剔除出现有遗传疾病或隐性有害基因携带者；其次，淘汰生产性能低下的个体和老弱病残兔；最后，对配种效果不理想的组合进行调整。四是生长发育和发病死亡。如果生长速度明显不如过去，应查明原因，是饲料的问题，还是管理的问题或其他问题。对于发病率和死亡率是否在正常范围，主要的疾病种类和发病阶段，定期检查要进行及时记录登记，并作为历史记录，以便为日后提供参考。每年都要进行技术总结，以便填写本场的技术档案。重点疾病的检查一般每月进行一次，而其他三种定期检查则保证每季度一次。

认真观察

尽管家兔是娇气的动物，对疾病的抵抗力弱，但任何疾病从感染到出现临床症状，从轻症发展到重症以至死亡，都有一个变化的过程，不同的疾病类型这一过程的长短不同，但多数是可以观察到的。当发现家兔个别出现异常时，应及时采取措施，以控制病情的发展，把损失减少到最低。但是，生产中很多养殖者反映兔子发病死亡，但说不出发病的前因后果、发展过程、临床症状及剖检情况，因此，很难作出判断。日常观察是饲养管理的重要程序，是养兔者的职业行为和习惯。观察要有目的和方法。比如，在每次进入兔舍喂兔时，首先要做的工作不是逐只加料，而是先对兔群进行一次全面或重点检查，包括：兔群的精神和食欲（饲槽内是否有剩料），粪便的形态、大小、颜色和数量，尿液的颜色，有无异常的声音（如咳嗽、喷嚏声）和伤亡，有无拉毛、叼草和产崽，有无发情的母兔等。其实这些工作对于有经验的饲养员来说，可以一边喂兔，一边观察，一边记录或处理。如果个别兔子异常，要对其进行及时处理；如怀疑家兔患传染病，应及时隔离；如果异常兔数量多，应对此高度重视，及时分析原因，并采取果断措施。

做好高效养兔的日常管理工作

编耳号

对于任何一个兔场来说，每只种兔都应有区别其他种兔的方法。在育种工作中，通常给种兔编刺耳号。也就是说，耳号就是家兔的名字。编耳号是按照一定的规则给每只种兔起“名字”。耳号应尽量多地体现种兔较多的信息，如品种（或品系、组合）、性别、出生时间及个体号等。编号一般为 4~6 位数字或字母。给家兔编耳号没有统一规定。习惯上，表示种兔品种或品系的号码一般放在耳号的第一位，以该品种或品系的英文或汉语拼音的第一个字母表示，如美系以 A 或 M 表示，德系以 G 或 D 表示，法系以 F 表示。性别有两种表示方法：一种是双耳表示法，通常将公兔打在左耳上，母兔打在右耳上；另一种是单双号表示法，通常公兔为单号，母兔为双号。

出生时间一般仅表示出生的年月或第几周（星期）。出生的年份以 1 位数字表示，如 1998 年以“8”表示，2000 年以“0”表示，10 年一个重复。出生月份以两位数字表示，即 1~9 月份分别为 01~

09，10~12月份即编为实际月份。也可用一位数表示，即用数字和字母混排法。1~9月份用1~9表示，10月、11月和12月份分别用其月份的英文第一个字母，即O、N和D表示；周（即星期）表示法是将一年分成52周，第一至第九周出生的分别以01~09表示，此后出生的以实际周号表示。比较而言，以周表示法更好。

个体号一般以出生的顺序编排。如以出生年月表示法则为该月出生的仔兔顺序号，如以出生周表示法则为该周初生仔兔的顺序号。由于耳朵所容纳的数字位数有限，个体顺序号以两位为好。对于小型兔场，如每月出生的仔兔在100只以内，可用年月表示法，如果生产的仔兔多，最好以出生周表示法。

如果一个兔场饲养的品种或品系只有一种，可将车间号编入耳号，以防车间之间种兔的混乱；对于搞杂交育种的兔场，耳号应体现杂交组合种类和世代数；对于饲养配套系的兔场，应将代（系）编入耳号。

如果所反映的信息更多，一个耳朵不能全部表示出来，也可采用双耳双号法。

打耳号

打耳号也叫刺耳号，即借助一定的工具将编排好的号码刺在种兔的耳壳内。通常是用专用工具——耳号钳。先将欲打的号码按先后顺序一一排入耳号钳的燕尾槽内并固定好，号码一般打在耳壳的内侧上1/3~1/2的皮肤上，避开较大的血管。打前先消毒，再将耳壳放入耳号钳的上下卡之间，使号码对准欲打的部位，然后按压手柄，适度用力，使号码针尖刺透表皮，刺入真皮，以血液渗出而不外流为宜。此时在针刺的耳号部位涂擦醋墨（用醋研磨的墨汁，也可在黑墨汁中加入1/5的食醋）即可。以后就会在耳壳上留下蓝黑色永不褪色的标记。

小规模兔场也可使用蘸水笔刺耳号的方法。其原理与耳号钳相同。将蘸水笔的尖部磨尖，一手抓住家兔的耳朵，一手持笔，先蘸醋墨，再将笔尖刺入家兔耳壳内，多个点形成预定的字母或数字的轮廓。此种方法比较原始，但对于操作熟练的饲养员很实用。

刺耳号对于家兔来说是一个非常大的应激。应尽量缩短刺耳号的时间。在刺耳号前2天，可在饮水或饲料中添加抗应激的添加剂，如维生素C、维生素E等。操作前，应在刺号的部位消毒，以防止病原菌感染。

捕捉家兔

母兔发情鉴定、妊娠摸胎、种兔生殖器官的检查、疾病诊断和治疗（如：药物注射、口腔投药、体表涂药等）、注射疫苗、打耳号等，种兔的鉴定，后备兔尺寸体重的称量，所有家兔的转群和转笼等，都需要先捕捉家兔。在捕捉前应将笼子里的食具取出，右手伸到兔子头的前部将其挡住（如果手从兔子的后部捕捉，兔子会受到刺激而奔跑不止，很难捉住），顺势将其耳朵按压在颈肩部，抓住该部皮肤，将兔子上提并翻转手腕，手心向上，使兔子的腹部和四肢向上（如果使兔子的四肢向下，兔子的爪会用力抓住踏板，很难将其往外拉出，而且还容易把脚爪弄断）撤出兔笼。如果为体形较大的种兔，此时左手应托住其臀部，使重心放在左手上。捉兔时，一定要使兔子的四肢向外，背部对着操作者的胸部，以防被兔子抓伤。捉兔时绝不可提捉兔子的耳朵、两后肢或前肢、腰部及其他部位。否则容易造成兔子耳部受损而下垂、脑出血、内脏受伤和腰部骨折，有时还可能被兔子抓伤或咬伤。对于妊娠母兔在捕捉时更应慎重，以防流产。

性别鉴定

鉴别初生仔兔性别对于决定是否保留和重点培养有一定的意义，可根据阴孔和肛门的形状、大小和两者的距离判断。公兔的阴孔呈圆形，稍小于其后面的肛门孔洞，距离肛门较远，大于 1 个孔洞的距离；母兔的阴孔呈扁形，其大小与肛门相似，距离肛门较近，约 1 个孔洞或小于 1 个孔洞的距离。也可以将小兔握在手心，用手指轻轻按压小兔阴孔，使其外翻。公兔阴孔上举，呈柱状，母兔阴孔外翻呈两片小豆叶状。性成熟前的家兔可通过外阴形状来判断。一手抓住耳朵和颈部皮肤，一手食指和中指夹住尾根，大拇指往前按压外阴，使其黏膜外翻。呈圆柱状上举者为公兔，呈尖叶状下裂接近肛门者为母兔。性成熟后的公兔阴囊已经形成，睾丸下坠入囊，按压外阴即可露出阴茎头部。对于成年家兔的性别鉴定应注意隐睾的家兔。不能因为没有见到睾丸就认为是母兔。隐睾是一种遗传性疾病。一侧睾丸隐睾可有生育能力，但配种能力降低，不可留种。两侧睾丸隐睾，由于腹腔内的温度始终在 35℃以上，家兔的睾丸不能产生精子，不具备生育能力。

公兔去势

商品獭兔出栏的理想时间为 5 月龄，3 月龄后公兔相继性成熟，群养时相互爬跨影响生长和采食，有可能造成偷配而受孕。对非种用公兔实行去势不仅可使其温顺好养，便于群养，而且可改善兔皮品质和兔肉风味。去势时间一般为 2.5～3 月龄，去势方法有以下三种：

刀骗法：将兔仰卧保定，将两侧睾丸从腹腔挤入阴囊并固定捏紧，用2%的碘酒涂擦手术部位（阴囊中部纵向切割），然后用5%的酒精涂擦，用消毒后的手术刀切开一侧阴囊和睾丸外膜2~3厘米，并挤出睾丸，切断精索。用同样方法处理另一侧睾丸。手术后在切口处涂些抗生素或碘酒即可。

结扎法：将睾丸挤入阴囊并捏紧，以橡皮筋在阴囊基部反复缠绕扎紧，使其停止血液循环和营养供应，自然萎缩脱落。

药物法：药物去势是用不同的化学药物注入睾丸，破坏睾丸组织而达到去势的目的。常用的化学药物有：2%~3%的碘酒、甲钙溶液（10%的氯化钙+1%的甲醛）、7%~8%的高锰酸钾溶液和动物专用去势液等。其方法是以注射器将药液注入每侧睾丸实质中心部位，根据兔子年龄或睾丸的大小，每侧注射1~2毫升。

三种方法比较，药物法去势睾丸严重肿胀，兔子疼痛时间长，操作简便，没有感染的危险，但有时去势不彻底。结扎法也有肿胀和疼痛时间长的问题。刀骟法将睾丸一次去掉，干净彻底，尽管当时剧烈疼痛，但很快伤口愈合，总的疼痛时间短，但需要动手术，伤口有感染的危险性。

年龄鉴定

在集市上购买种兔，或对兔群进行鉴定，以决定种兔的选留和淘汰，判断其年龄是非常必要的。生产中常用的方法是根据兔子的眼睛、牙齿、被毛和脚爪来判断。

青年兔（6个月至1.5岁）：眼睛圆而明亮，凸出；门齿洁白短小，排列整齐；趾爪表皮细嫩，爪根粉红。爪部中心有一条红线

(血管)，红线长度与白色（无血管区域）长度相等，约为1岁，红色多于白色，多在1岁以下。青年兔爪短，平直，无弯曲和畸形；皮板薄而富有弹性；行动敏捷，活泼好动。

壮龄兔（1.5~2.5岁）：眼睛较大而明亮；趾爪较长、稍有弯曲，白色略多于红色，牙齿白色，表面粗糙，较整齐；皮肤较厚、结实、紧密；行动灵活。

老龄兔（2.5岁以上）：眼皮较厚，眼球深凹于眼窝中；趾爪粗糙，长而不齐，向不同的方向歪斜，有的断裂；门齿暗黄，厚而长，有破损，排列不整齐；皮板厚，弹性较差；行动缓慢，反应迟钝。

獭兔的脚毛短，很难掩盖脚爪，因此，以脚爪露出脚毛的多少来判断年龄的方法不适于獭兔。以上判断方法，仅是一种粗略估测方法，不十分准确。而且兔子的年龄越大，误差也越大。准确知道兔子的年龄必须查找种兔档案，因为营养条件（钙、磷缺乏会使齿爪发育畸形）、种兔的品种（系）、饲养方式（笼养和地面平养不同，地面平养时，兔子有较多的活动量和用爪刨地的机会，一般脚爪较短）、环境条件等不同，兔子的外表有所差别，因此靠以上方法只能作出初步判断。

修爪技术

家兔的脚爪是皮肤衍生物。家兔的每一指（趾）的末节骨上都附有爪。前肢5指5爪，后肢4趾4爪。爪的功能是保护脚趾、奔跑抓地、挖土打洞和御敌搏斗等。家兔的爪具有终身生长的特性。保持适宜的长度，才能使家兔感到舒服。在野生条件下，家兔在野外奔跑和挖土打洞，将过长的爪磨短。但是，在笼养条件下，家兔失去了挖土的自由，随着月龄的增加，其脚爪不断生长，越来越长，不仅影响活动，而且在走动中很容易卡在笼底板间隙内，导致爪被折断。同时，由于爪部过长，脚着地的重心后移，迫使跗关节着地，是造成脚皮炎的主要原因之一。因此，及时给种兔修爪很有必要。在国外有专用修爪剪刀，我国还没有专用工具，可用果树修剪剪刀代替。方法是：将种兔保定，放在胸前的围裙上，使其臀部着力，露出四肢的爪。剪刀从脚爪红线前面 0.5~1 厘米处剪断即可，不要切断红线。如果一人操作不方便，可让助手配合操作。剪断爪之后，可用锉刀将其端部锉尖，以便种兔着地舒服。种兔一般从 1 岁以后开始剪爪，每年修剪 2~3 次。

恶癖的调教

恶癖是指动物非常规律性地、习惯性地对动物或管理者产生不利影响的行为。如咬人、乱排便、咬架、拒绝哺乳等，只要方法得当，是可以调教的。

咬人兔的调教：有的兔当饲养人员饲喂或捕捉时，先发出“呜——”的示威声，随即扑过来，或咬人一口，或用爪挠人一把，或仅仅向人空扑一下，然后便躲避起来。这种恶癖，有的是先天性的，有的是管理不当形成的（如无故打兔、逗兔，兔舍过深过暗等）。对这种家兔的调教首先要建立人兔亲和，将其保护好，在阳光下用手轻轻抚摸其被毛和颜面，并以可口的饲草饲喂，以温和的口气与其“对话”，不再施以粗暴的态度。经过一段时间后，恶癖便能改正。

咬架兔的调教：当母兔发情时将其放入公兔笼内配种，而有的公兔不分青红皂白，先扑过去，猛咬一口。这种情况多发生在双重交配时，在前一只公兔的气味还没有散尽时便将母兔放进另一只公兔笼中，久而久之，公兔便形成了咬架的恶癖。对这种公兔可采取互相调换笼位的方法，使其与其他种公兔多次调换笼位，熟悉更多的气味。如果还不行，则采取在其鼻端涂擦大蒜汁或清凉油予以预防。

拒哺母兔的调教：有的母兔无故不哺喂仔兔，有的母兔因为人用手触摸了仔兔而不再喂奶，一旦将其放入产箱便挣扎着逃出。对于这种母兔，可用手多次抚摸其被毛，让其熟悉饲养人员的气味，并使之安静下来，将其放在产箱里，在人的监护和保定下给仔兔喂奶，经过几天后即可调教成功。

如果是因为母兔患了乳房炎、缺乳，或因环境嘈杂，母兔曾在喂奶时受到惊吓而发生的拒哺，应有针对性地予以防治。

不同季节不同的管理方

春季的饲养管理

注意气温变化

春季气温渐暖，空气干燥，阳光充足，是家兔繁殖的最佳季节。但是由于春季的气候多变，也会给养兔带来更多的不利因素。

从总体来说，春季的气温是逐渐升高的。但是，在这一过程中并不是直线上升的，而是升中有降，降中有升，气温多变，变化无常，很容易诱发家兔患感冒、巴氏杆菌病、肺炎、肠炎等病。尽管春季是家兔生产的最佳季节，但给予生产的理想时间是很短的。原因在于春季的气候变化十分剧烈，而稳定的时间很短。由冬季转入春季为早春，此时的整体温度较低，以较寒冷的北风为主，夹杂着雨雪。此期应以保温和防寒为主。每天中午适度打开门窗，进行通风换气。

而由春季到夏季的过渡为春末，气候变化较为激烈。不仅温度变化大，而且大风频繁，时而有雨。此期应控制兔舍温度，防止气候骤变。平时打开门窗，加强通风，遇到不良天气，及时采取措施，为春季家兔的繁殖和小兔的成活提供最佳环境。

抓好春繁

常言说：一年之计在于春。

对于家兔的繁殖来说，也是如此。大量的试验和实践证明，家兔在春季的繁殖能力最强，公兔精液品质好，性欲旺盛，母兔的发情明显，发情周期缩短，排卵数多，受胎率高。应利用这一有利时机争取早配多繁。春季繁殖应首先抓好早春繁殖。对于我国多数地区夏季和冬季的繁殖有很大困难，而秋季由于公兔精液品质不能完全恢复，受胎率受到很大的影响。

如果抓不住春季的有利时机，很难保证年繁殖 5 胎以上的计划。一般来说，春季第二胎采取频密繁殖策略，对于膘情较好的母兔，在产后立即配种，缩短产崽间隔，提高繁殖率。但是第三胎采取半频密繁殖，即在母兔产后的 10~15 天进行配种，使母兔泌乳高峰期和仔兔快速发育期错开，这样可实现春繁 2 胎以上，为提高全年的繁殖率奠定基础。

保障饲料供应

早春是青黄不接的时候，对于没有使用全价配合饲料喂兔的多数农村家庭兔场而言，补充适量的青绿饲料是提高种兔繁殖力的重要措施。

应利用冬季贮存的萝卜、白菜或生大麦芽等，提供一定的维生素营养；春季又是家兔的换毛季节，此期冬毛脱落，夏毛长出，要消耗较多的营养，对处于繁殖期的种兔，加重了营养的负担。兔毛的主要成分是角蛋白，因此需要喂食富含蛋白质和含硫氨基酸的饲料，以促进兔毛的生长。

为了加速兔毛的脱换，在饲料中应补加硫胺酸，使含硫氨基酸达到0.6%以上；根据生产经验，在春季家兔发生饲料中毒事件较多，尤其是发霉饲料中毒，给生产造成较大的损失。其原因是冬季存贮的甘薯秧、花生秧、青干草等在户外露天存放，冬春的雪雨使其受潮发霉，在粉碎加工过程中如果不注意挑选，用发霉变质的草饲喂家兔，家兔就会发生急性或慢性中毒。

此外，冬贮的白菜、萝卜等受冻或受热，发生霉坏或腐烂，也容易造成家兔中毒；冬季向春季过渡期，饲料也同时经历了一个不断的过渡。特别针对农村家庭兔场，为了降低饲料成本，尽量多饲喂野草野菜等。随着气温的升高，青草不断生长并被采集喂兔。由于其幼嫩多汁，适口性好，家兔喜食。如果不控制喂量，兔子的胃肠不能立即适应青饲料，会出现腹泻现象，严重时会造成死亡。

一些有毒的草返青较早，要防止家兔误食。一些青菜，如菠菜、牛皮菜等含有草酸盐较多，会影响钙、磷代谢，对于繁殖母兔及生长兔更应严格控制喂量。

预防疾病

春季万物复苏，各种病原微生物活动猖獗，是家兔多种传染病的多发季节，防疫工作应放在首要的位置。①要注射有关的疫苗。兔瘟疫苗必须保证注射，其他疫苗可根据具体情况灵活掌握，如魏氏梭菌疫苗、巴氏—波氏二联苗、大肠杆菌疫苗等。②将传染性鼻炎型为主的巴氏杆菌病作为重点。由于气温的升降，气候的多变，会诱发家兔患呼吸道疾病，应有所防范。③预防肠炎。尤其是断乳小兔的肠炎要作为预防的重点。可采取饲料营养调控、卫生调控和微生态制剂调控相结合，尽量不用或少用抗生素和其他化学药物。④预防球虫病。春季气温低，湿度小，容易忽视春季球虫病的预防。目前我国多数实行室内笼养，其环境条件有利于球虫卵囊的发育，如果预防不利，有暴发的危险。⑤有针对性地预防感冒和口腔炎等。前者应根据气候变化进行，后者的发生尽管不普遍，但在一些兔场连年发生。应根据该病发生的规律进行有效防治。⑥控制饲料品质，预防饲料发霉。可在饲料中添加霉菌毒素吸附剂，同时加强饲料原料的保管，缩短成品饲料的贮存时间，控制饲料库的湿度等。⑦加强消毒。春季的各种病原微生物活动猖獗，应根据饲养方式和兔舍内的污染情况酌情消毒。在家兔的换毛期，可进行一次到两次火焰消毒，以焚烧脱落的兔毛。

做好防暑准备

在我国北方，春季似乎特别短，4~5 月份气温刚刚正常，高温季节就马上来临。由于家兔惧怕炎热，而我国多数兔场的兔舍保温隔热条件较差，尤以农村家庭兔场的兔舍更加简陋，给夏季防暑工作带来很大的难度。

应采取投资少、见效快、效果好、简便易行的防暑降温措施，即在兔舍前面栽种藤蔓植物，如丝瓜、吊瓜、苦瓜、眉豆、葡萄、爬山虎等，这样既起到防暑降温效果，又起到美化环境、净化空气的作用，还可有一定的瓜果收益，一举多得。

夏季的饲养管理

防暑降温

夏季是兔最难饲养的季节，这是因为气温高，湿度大，给家兔的生长和繁殖带来了很大的难度。

同时，由于高温高湿气候利于球虫卵囊的发育，幼兔极易暴发球虫病。因此有“寒冬易度，盛夏难熬”之说。首先应采取多种措施进行防暑降温。生产中较简便易行的方法如下：

舍顶灌水：兔舍内的温度来自太阳辐射，舍顶是主要的受热部位。降低兔舍顶部热能的传递是降低舍温的有效措施。

如果为水泥或预制板为材料的平顶兔舍，在搞好防渗的基础上，可将舍顶的四周垒高，使顶部形成一个槽子，每天或隔一定时间往顶槽里灌水，使之长期保持有一定的水，降温效果良好。

如果兔舍建筑质量好，采取这样的措施，兔舍内夏季可保持在30℃以下，使母兔在夏季继续繁殖。

舍顶喷水：无论何种兔舍，在中午太阳照射强烈时，往舍顶部喷水，通过水分的蒸发降低温度，效果良好。

美国一些简易兔舍，夏季在兔舍顶脊部通一根水管，水管的两侧均匀钻有很多小孔，使其往两面自动喷水，是很有效的降温方式。当天气特别炎热时，可配合舍内通风、地面喷水，以迅速缓解热应激。

舍顶植绿：如果为平顶兔舍，而且有一定的承受力，可在兔舍顶部覆盖较厚的土，并在其上种草（如草坪）、种菜或种花，对兔舍降温有良好作用。

舍前栽植：在兔舍的前面和西面一定距离栽种高大的树木（如树冠较大的梧桐），或丝瓜、眉豆、葡萄、爬山虎等藤蔓植物，以遮挡阳光，减少兔舍的直接受热。

墙面刷白：不同颜色对光的吸收率和反射率不同。黑色吸光率最高，而白色反光率很强，可将兔舍的顶部及南面、西面墙面等受到阳光直射的地方刷成白色，以减少兔舍的受热度，增强光反射。

铺反光膜：近年来，为了提高果品（主要是苹果）的着色度，在地面铺放反光膜的办法，效果良好。根据其原理，可在兔舍的顶部铺放反光膜。据试验，可降低舍温2℃左右。

拉折光网：在兔舍顶部、窗户的外面拉折光网，实践证明是有效的降温方法。其折光率可达70%，而且使用寿命达4~5年。

搭建凉棚：对于室外架式兔舍，为了降低成本，可利用柴草、树枝、草帘等搭建凉棚，起到遮光、造荫、降温的作用，是一种简便易行的降温措施。

加强通风

通风是兔舍降温的有效途径，也是家兔对流散热的有效措施。在天气不十分炎热的情况下，在兔舍前面栽种藤蔓植物的基础上，打开所有门窗，可以实现兔舍的降温或缓解高温对兔舍造成的压力。

兔舍的窗户是通风降温的重要工具，但生产中发现很多兔场窗户的位置较高。这样造成上部通风效果较好，而下部通风效果不良，导致通风的不均匀性。此外，兔舍的湿度产生在下部粪尿沟，如果仅仅在上面通风，下面粪尿沟没有空气流动，或流动较少，起不到降低湿度的作用。因此，在建筑兔舍时，可在大窗户的下面，接近地面的地方，设置下部通风窗。这对于底部兔笼的通风和整个兔舍湿度的降低产生积极效果。但是，当外界气温居高不下，始终在33℃以上时，仅仅靠自然通风是远远不够的，应采取机械通风，强行通风散热。机械通风主要靠安装电扇，加强兔舍的空气流动，减少高温对兔的应激程度。小型兔场可安装吊扇，对于局部空气流动有一定效果，但不能改变整个兔舍的温度，仅仅使局部兔笼内的家兔感到舒服，达到缓解热应激的程度。因此，其作用是很有限的。大型兔场可采取纵向通风，有条件的兔场，可采取增加湿帘和强制通风相结合，效果更好。

降低饲养密度

兔舍高温热量的来源有三：

(1) 太阳辐射使整个室外大气温度升高，通过门窗直接进入兔舍或通过墙壁和舍顶辐射进入兔舍，影响舍内温度。

(2) 粪尿分解产生热量。粪尿是有机物料，含有较高的水分，其内的微生物发酵，分解有机物，产生热量和气体。粪尿越多，积累的时间越长，在适宜的温度和湿度下发酵产生的热量就会越多，影响兔舍的温度。

(3) 家兔本身的散热。家兔正常体温为38.5~39.5℃，与外界温度保持一定的温差，其体温通过体表或呼吸等方式向外界散热。其散热量与二者的温差呈正比。饲养密度越大，向外散热量越多，越不利于防暑降温。因此，降低饲养密度是减少热应激的一条有效措施。为了便于散热降温，对兔舍内的家兔进行适宜的疏散。泌乳母兔最好与仔兔分开，定时哺乳，既利于防暑，又利于母兔的体质恢复和对仔兔的补料，还有助于预防仔兔球虫病。

育肥兔实行低密度育肥，每平方米底板面积饲养10~12只，由群养改为单笼饲养或小群饲养。三层重叠式兔笼，由三层养兔改为两层养兔，即将最上面的笼具空置（上层的温度高于下层）。

合理喂料

饲喂时间、饲喂次数、饲喂方法和饲料组成，都会对家兔的采食和体热调节产生影响。面对夏季的高温，从饲喂次数到饲料配方等均应进行适当调整。①喂料时间方面，采取“早餐早，午餐少，晚餐饱，夜加草”，把一天饲料的80%安排在早晨和晚上。由于中午和下午气温高，家兔没有食欲，应让其好好休息，减少活动量，降低产热量，不要轻易打扰家兔。即便喂料，它们也多不采食。②适当调整饲料种类。增加蛋白质饲料的含量，减少能量饲料的比例，尽量多喂青绿饲料。尤其是夜间，气温下降，家兔的食欲旺盛，活动量增加，可满足其夜间采食。农村家庭养兔，可以喂大量的青草保证其自由采食。使用全价颗粒饲料的兔场，也可投喂适量的青绿饲料，以改善家兔的胃肠功能，提高食欲。阴雨天，空气湿度大，笼具的病原微生物容易滋生，并通过饲料和饮水进入家兔体内，导致腹泻。可在饲料中添加1%~3%的木炭粉，以吸附病原菌和毒素。③在喂料方法上相应变更，如果为粉料湿拌，加水量应严格控制，少喂勤添，一餐的饲料量分两次添加，防止剩料发霉变质。

满足饮水

水是家兔机体重要的组成部分，是家兔对饲料中营养物质消化、吸收、转化、合成的媒介，对于体温调节起着重要作用。也可以说，机体内的任何代谢活动，几乎都与水有密切关系。水对家兔的作用不亚于任何其他营养素。研究表明，假如完全不提供水，成年兔只能活4~8天，而供水不供料，家兔可以活30~31天。一般来说，家兔的饮水量是采食量的2~4倍，随着气温的升高而增加。有人经过试验得知，在30℃环境下的家兔饮水比20℃时的饮水量增加50%。有人对生长后期的家兔进行了限制饮水和自由饮水对增重的影响试验。限制饮水组每只兔日供水50毫升，试验组自由饮水。试验期30天。结果表明，限制饮水组日增重平均0.63天，而试验组为15.5克。试验组是对照组的24倍之多。饮水不足必然对家兔的生产性能和生命活动造成影响。其中妊娠母兔和泌乳母兔受到的影响最大。妊娠母兔除了自身需要，胎儿的发育更需要水。泌乳母兔饮水量要比妊娠母兔增加50%。因为，泌乳高峰期的母兔日泌乳量高达250

毫升，而乳中70%是水。生长家兔代谢旺盛，相对的需水量大。家兔夏季必须保证自由饮水。为了提高防暑效果，可在水中加入人工盐；为了预防消化道病，可在饮水中添加一定的微生态制剂；为了预防球虫病，可让母兔和仔、幼兔饮用0.01%~0.02%的稀碘液。

搞好卫生

夏季气温高，蚊蝇滋生，病原微生物繁殖速率快，饲料和饮水容易受到污染；夏季空气湿度大，兔舍和笼具难以保持干燥，不仅不利于细菌性疾病的预防，给球虫病的预防增加了难度，往往发生球虫和细菌的混合感染，因而，家兔消化道疾病较多。欲使家兔安全度夏，卫生工作必须做好以下几点：

饲料卫生：饲料原料要保持较低的含水率，否则霉菌容易滋生而产生毒素；室外存放的粗饲料，要预防雨水浸入；室内存放的饲料原料，很容易通过地面和墙壁的水分传导而受潮结块，应进行防潮处理；饲料原料在贮存期间，要预防老鼠和麻雀的污染；颗粒饲料是最佳的饲料形态，但由于夏季气温高、湿度大，饲料存放时间不宜过长，以控制在3周内最佳；小型颗粒饲料机压制的颗粒饲料含水率一定要控制。当加入的水分较多时，一定要经过晾晒，使含水率低于14%方可入库存放；粉料湿拌饲喂，一次的喂料量不宜过多，以控制在20分钟之内吃完为度，不能使含水率较高的粉料长期在饲料槽内存放；青饲料喂兔，一定要放在草架上，尽量降低被污染的机会。

饮水卫生：饮用洁净的水对于家兔保持健康非常重要。对于用开放性饮水器（如瓶、碗、盆等器皿）的兔场，容易受到污染，应经常清洗消毒饮水器具，每天更换新水；重视对水源的保护，防止被粪便、污水、动物和矿物等污染；定期化验水质，尤其是兔场中的兔子发生无原因性腹泻时应首先考虑是否水源被污染；以自动饮水器供水，可保持水的清洁。目前国内生产的透明塑料管容易长苔，对家兔的健康形成威胁，应选用不透明的塑料管。

环境卫生：对于降低家兔夏季疾病是非常重要的。在家兔的生活环境中，直接与家兔接触的环境对家兔的健康影响最大。尤其是脚踏板，家兔每时每刻都离不开踏板。当湿度较大时，残留在踏板上的有机物很容易成为微生物的培养基，尤其是家兔发生腹泻后，带有很多病原微生物的粪便黏附在踏板上。因此，踏板是消毒的重点。此外，还应注意消灭苍蝇、蚊子和老鼠。它们是造成饲料和饮水污染的罪魁祸首之一。兔舍的窗户上面安装窗纱，涂长效灭蚊蝇药物，可对蚊蝇有一定的预防效果。加强饲料库房的管理，防止老鼠污染饲料库。采取多种方法主动灭鼠，可降低老鼠的密度，减少其对饲料的污染。

预防球虫病

夏季温度高、雨水多、湿度大，是兔球虫病的高发期。兔球虫病是严重危害幼兔的一种传染性寄生虫病，尤其是1~3月龄的幼兔最易感染。

多年来，人们都非常重视球虫病的防治工作，但是，近年发现家兔球虫病有些新的特点，即发病的全年化、抗药性的普遍化、药物中毒的严重化、混合感染的复杂化、临床症状的非典型化和死亡率排位前移等，为有效控制这种疾病带来很大的难度。家兔球虫病除了高温高湿的夏季，其他季节也可发生。但是，仍然以夏季最为严重，暴发的可能性最大。生产中，无论何种饲养方式，任何品种，只要是1~3月龄的家兔，就必须预防，否则，随时都有暴发的危险；传统治疗方法通常用磺胺类、呋喃类、克球粉等药物，近年来使用地克珠利等，生产中发现，这些药物都存在不同程度的抗药性问题。因此，在防治工作中，采取交替用药的方法。若采取中西结合或复合药物效果更好；家兔对不同药物的敏感性不同，对马杜霉素非常敏感，正常剂量添加即可造成中毒。因此，该药物不可用于家兔球虫病的预防和治疗。

有些药物仅仅标注商品名称，而没有注明化学物质，在生产中应慎重选用。生产中出现的疾病是很复杂的，有时候是多种疾病并发，即混合感染。如球虫和大肠杆菌、球虫和线虫混合感染等，在诊断和治疗中应引起重视。由于家兔不同的月龄、不同的体况、球虫不同的种类和数量，以及发病的时间和混合感染的程度不同，表现的临床症状不一，给诊断造成了一定困难。

总之，兔球虫病是家兔夏季的主要疾病，应采取综合措施进行防控：①搞好饮食卫生和环境卫生，对粪便实行集中发酵处理，以降低感染机会。②小兔获得球虫卵囊多数是来自母兔，因而，减少母仔接触机会，或严格控制通过母兔对仔兔的感染，是降低本病的有力措施。③目前还没有家兔球虫疫苗生产，药物预防是最有效的手段。选用高效药物，交替使用药物、准确用量和严格按照程序用药是控制本病的不可缺少的几个环节。

控制繁殖

家兔具有常年发情、四季繁殖的特点。

只要环境得到有效控制，特别是温度控制在适宜的范围之内，一年四季均可获得较好的繁殖效果。但是，我国多数兔场，尤其是农村家庭兔场，环境控制能力较差，夏季不能有效降低温度，给家兔的繁殖带来极大困难。

家兔体温为38.5~39.5℃，适宜的环境温度为15~25℃，临界上限温度为30℃。也就是说，超过30℃不适宜家兔的繁殖。

我国属于季风性气候，夏季炎热。在华北以南地区，有时气温高达38℃以上，还有时甚至高达42℃。

如果防暑措施不当，很容易造成中暑。家兔在这种情况下自身生命难保，繁殖将无从谈起。

因此，在无防暑条件的兔场，夏季必须停止繁殖。高温对家兔整个妊娠期均有威胁，关键是两个阶段：妊娠早期和妊娠后期。妊娠早期，即胎儿着床前后对温度敏感。高温容易引起胚胎的早期死亡；妊娠后期，尤其是产前一周，胎儿发育迅速，母体代谢旺盛，需要的营养多，采食量大。如果此时高温，母兔采食量降低，造成营养的负平衡和体温调节障碍，不仅胎儿难保，有时母兔也会中暑死亡。母兔夏季的繁殖应根据兔场的具体情况而定。在没有防暑降温条件的兔场，6月份就应停止配种。

种公兔的特殊保护

在我国中南部地区，除了夏季配种受胎率低，秋季的配种受胎率也很不乐观，有时甚至不如夏季。

其原因主要在于种公兔。公兔睾丸对于高温十分敏感，高温条件下，家兔的曲细精管变性，细胞萎缩，睾丸体积变小，暂时失去产生精子的机能。

欲提高母兔配种受胎率，首先要在公兔的环境控制方面下工夫：进行公兔的特殊保护工作。对种公兔的特殊保护主要抓好四件事：

（1）提供适宜的温度环境是关键。如果兔场的所有兔舍整体控温有困难，可设置一个“环境控制舍”，即建筑一个隔热条件较好的房间，安装控温设备（如空调），使高温期兔舍内温度始终控制在最佳范围之内，避免公兔睾丸受到高温的伤害，使公兔舒舒服服度过夏季，以保证秋配满怀。如果种公兔数量较多，环境控制舍不能全部容纳，可对种公兔进行鉴定，保证部分最优秀的公兔得到保护。没有条件的兔场，可建造地下室或利用山洞、地下窖、防空洞等人工工事，也可起到一定的保护作用。

（2）防止睾丸外伤。阴囊具有保护、敷托睾丸和睾丸温度调节作用。睾丸温度始终低于体温4～6℃，主要是依靠阴囊的扩张和收缩来实现的。在低温情况下，阴囊收缩，可使睾丸贴近腹壁，甚至通过腹股沟管进入腹腔“避寒”。在高温情况下，阴囊下垂，扩大散热面积，以最大限度地保证睾丸降温。大型品种的种公兔，睾丸体积大，阴囊下垂可到达踏板表面。如果踏板表面有钉头毛刺，很容易划破阴囊甚至睾丸，造成发炎、脓肿，甚至丧失生精机能。因此，在入夏之前，应对踏板进行全面检查和检修，防止无谓的损失。

（3）营养平衡。有人认为夏季公兔不配种，没有必要提供全价营养。这是片面的看法。精子的产生是一个连续的过程，并非在使用前增加营养即可排出合格的精液。尽管公兔暂时休闲，但也不能降低饲养水平。当然，与集中配种期相比，饲喂的数量要减少，防止因营养过剩而沉积脂肪过多造成的肥胖。一般可按照配种期饲喂量的80%饲喂即可。不过必需氨基酸和维生素的水平不可降低。

（4）长毛兔公兔剪毛。夏季毛兔剪毛，有助于提高公兔的精液品质。兔毛越长，越不利于体温调节，对睾丸的生精越不利。因此，高温期没有必要考虑种公兔的毛长是否达到一级毛的长度。可2～3周剪一次毛。

秋季的饲养管理

抓好秋繁

秋高气爽，温度适宜，饲料充足，是家兔繁殖的第二个黄金季节。但是，秋季又存在一些对家兔繁殖的不利因素：①家兔刚刚度过了夏季，体质较弱。②第二次季节性换毛，代谢处于一种特殊时期，换毛和繁殖在营养方面发生了冲突。③光照时间进入渐短期，不利于母兔卵巢的活动，母兔的发情周期不规律，发情症状表现不明显。④经过夏季高温的影响，公兔睾丸的生精上皮受到很大的破坏，精液品质不良，配种受胎率较低，尤其是在长江以南地区，夏季高温持续时间长，公兔睾丸的破坏严重，这种破坏的恢复需要一个半月的时间。

为了保证秋季的繁殖效果，应重点抓好以下工作：

（1）保证营养。除了保证优质青饲料，还应注重维生素 A 和维生素 E 的添加，适当增加蛋白质饲料的比例，使蛋白质达到 16%～18%。对于个别优秀种公兔可在饲料中搭配 3%左右的动物性蛋白饲料（如优质鱼粉），以尽快改善精液品质，加速被毛的脱换，缩短换毛时间。

（2）增加光照。如果光照时间不足 14 小时，可人工补充光照。由于种公兔较长时间没有配种，应采取复配或双重配。

（3）对公兔精液品质进行全面检查。经过一个夏天，公兔精液品质发生很大的变化，但个体之间差异很大。因此，对所有种公兔普遍采精，进行一次全面的精液品质检查。对于精液品质很差（如活率低、死精和畸形精子比例高等）的公兔，查找原因，对症治疗，暂时休养，不参加配种。每 1～2 周检测一次，观察恢复情况。对于精液品质优良的种公兔，重点使用，以防盲目配种造成受胎率低。

(4) 提高配种成功率。秋季公兔精液品质普遍低，而又处于家兔换毛期，受胎率不容乐观。为了提高配种的成功率，可采取复配和双重配。

对于种兔场，采用复配的方式，即母兔在一个发情期，用同一只公兔交配2次或2次以上。对于商品生产的兔场，母兔在一个发情期，可用两只不同的公兔交配。注意间隔时间在4小时以内。

根据生产经验，每增加一次配种，受胎率可提高5%~10%，产崽数可增加0.5~1只。

预防疾病

秋季的气候变化无常，温度忽高忽低，昼夜温差较大，是家兔主要传染病发生的高峰期，应引起高度重视。

(1) 注意呼吸道传染病的预防。秋冬过渡期气温变化剧烈，最容易导致家兔暴发呼吸道疾病，特别是巴氏杆菌病对兔群造成较大的威胁。生产中，单独的巴氏杆菌感染所占的比例并非很多，而多数是巴氏杆菌和波士杆菌等多种病原菌混合感染。除了注意气温变化，适当的药物预防作为预防的补充。应有针对性地进行疫苗注射。根据生产经验，单独注射巴氏杆菌或波士杆菌疫苗效果都不理想，应注射其二联苗。

(2) 预防兔瘟。兔瘟尽管是全年发生，但在气候凉爽的秋季更易流行，应及时注射兔瘟疫苗。注射疫苗时应注意三个问题：一是尽量注射单一兔瘟疫苗，不要注射二联或三联苗，否则会对兔瘟的免疫产生不利影响；二是要严格控制注射时间，断乳仔兔最好在40日龄左右注射，过早会造成免疫力不可靠，免疫过晚有发生兔瘟的危险；三是检查免疫记录，观察成年兔群，免疫期是否已经超过4

个月，凡是超过或接近4个月的种兔最好统一注射。

(3) 重视球虫病预防。由于秋季的气温和湿度仍适于球虫卵囊的发育，预防幼兔球虫病不可麻痹大意。应有针对性地给幼兔注射有关疫苗、投喂药物和进行消毒。

(4) 强化消毒。秋季的病原微生物活动较猖獗，又是换毛季节，通过脱落的被毛传播疾病的可能性增加，特别是真菌性皮肤病。因此，在集中换毛期，应用火焰喷灯进行1~2次消毒。这样也可避免脱落的被毛被家兔误食而发生毛球病。

科学饲养

秋季是家兔繁殖的繁忙季节，也是换毛较集中的季节，同时也是饲料种类变化最大的季节。饲养应针对季节和家兔代谢特点进行：

(1) 调整饲料配方。随着季节的变化，饲料种类的供应发生一定变化，饲料价格也发生一定的变化。为了降低饲料成本，同时也根据季节和家兔的代谢特点进行饲料配方的调整。以新的饲料替代以往饲料时，如果没有可靠的饲料营养成分含量，应进行实际测定。尤其是地方生产的大宗饲料品种，更应进行实际测定，以保证饲料的理论营养值和实际值的相对一致。

(2) 预防饲料中毒。立秋之后，一些饲料会产生一定的毒副作用。比如露水草、霜后草、二茬高粱苗、棉花叶、萝卜缨、龙葵、蓖麻、青麻、苍耳、灰菜等，本身就含有一定的毒素。农村家庭兔场喂兔，一是要控制喂量，二是掌握喂法，防止饲料中毒。

(3) 做好饲料过渡。深秋之后，青草逐渐不能供应，由青饲料到干饲料要有一个过渡阶段。由一种饲料配方到另一种配方要有一个适应过程。否则，饲料突然变化，会造成家兔消化机能紊乱。

生产中可采取两种方式：一种是两种饲料逐渐替代法。即开始时，原先饲料占2/3，新的饲料占1/3，每3~5天，更替30%左右，使其平稳过渡。一种是有益菌群强化法。饲料改变造成腹泻的机理在于消化道内微生物种类和比例的失调。也就是说，平时以双歧杆菌、乳酸菌等占绝对优势，而大肠杆菌、魏氏梭菌等有害微生物处于劣势地位。当饲料突然改变后，导致家兔消化道不能马上适应变化的饲料，肠道的内环境发生改变，进入盲肠内的内容物也发生改变，为有害菌的繁殖提供机遇。欲防止肠道菌群的变化，也可以在饲料中或饮水中大量添加微生态制剂，使外源有益菌与内源有益菌共同抑制有害微生物，保持肠道内环境的稳定和消化机能的正常。

饲料贮备

秋季是饲草饲料收获的最佳季节。抓住有利时机，收获更多更好的饲草饲料，特别是优质青草、树叶和作物秸秆等粗饲料，为家兔准备充足优质的营养物质，是每个兔场必须考虑的问题。

应做到以下几点：①适时收获。立秋之后，寸草结籽，各种树叶开始凋落，农作物相继收获，及时采收是非常重要的。否则，采收不及时，其营养物质迅速转化，将有利于家兔消化吸收的可溶性营养物质转化成难以吸收利用的纤维素和木质素，使营养价值大大降低。立秋之后，植物茎叶的水分含量逐渐降低，干物质含量增加，是收获的有利时机，应在它们的颜色保持绿色的时候收获。②及时晾晒。秋季天高气爽，风和日丽，有利于青草的晾晒干制。要在晴朗的天气尽快将饲草晒干。但是有时候秋雨连绵，对饲草的晾晒造成很大的困难。有条件的饲草公司进行人工干燥，可保证青干草的质量。若自然干燥遇到不良天气，应及时避雨、经常翻动，防止堆积发酵。否则，很容易造成青草受损破坏。在晾晒期间，应与当地气象部门取得联系，获得最新气象信息，避开不良天气，趁晴朗天气抓紧将草晒干。③妥善保管。青草或作物秸秆晒干后要妥善保管。由于其体积大，占据很大的空间，多垛在室外，然后用苫布保护。在保管过程中应注意防霉、防晒、防鼠、防雨雪。防霉即当草没有晒得特别干，或晾晒不均匀，在保存过程中预防回潮，霉菌滋生而霉坏；防晒即在保存过程中，避免阳光直射。刚刚干制的青干草是绿色的，如果长期暴露在阳光下，受紫外光的破坏作用，其颜色逐渐变成黄色和白色，丧失营养价值；防鼠即在保存过程中，防止老鼠对草的破坏和污染；防雨雪即在保存过程中，一定要防止苫布出现破洞而渗漏雨雪。④在干草的保存过程中，应定期抽查，发现问题，及时解决。

冬季的饲养管理

兔舍保温

冬季气温低，光照短，青绿饲料缺乏，给养兔带来诸多不便。保温是冬季管理的中心工作。

应从减少热能的放散、冷空气的进入和增加热能的产生等几个方面入手：①降低热能的放散。如关门窗、挂草帘、堵缝洞等措施，减少冷空气进入兔舍和热量从兔舍外散。在热能的放散过程中，由于热空气上行，兔舍的顶部单位面积散热最大。要使兔舍的天花板具有一定的隔热能力，可降低顶部散热。由于兔舍的墙壁面积最大，其散热总量最大，尤其是北部墙壁，直接受到北风侵袭，形成兔舍南北的温差。降低墙壁散热，可选用隔热系数大的建材，在我国北方地区应增加墙壁的厚度来缓解墙壁的热能放散。②增加外源热能。一般采取获得太阳能和增加兔舍热源两个途径。在兔舍的阳面或整个室外给兔舍扣塑料大棚。利用塑料薄膜的透光性，白天接受太阳能，夜间可在棚上面覆盖草帘，降低热能散失。安装暖气系统是解决冬季兔舍温度的普遍做法。有条件的兔场可利用太阳能供暖装置，或通过锅炉进行汽暖或水暖。小型兔场可安装土暖气，或直接生煤火。但一定要预防煤气中毒。③建造保温舍。在高寒地区，可挖地下室，山区可利用山洞等。这样的兔舍不仅保温，夏季可起到降温作用。

注意通风换气

生产中发现，冬季家兔的主要疾病是呼吸道疾病，占发病总数的60%以上，而且相当严重。

其主要原因是冬季兔舍通风换气不足，污浊气体浓度过高，特别是有毒有害气体（如硫化氢）对家兔黏膜（如鼻腔黏膜、眼结膜）的刺激而发生炎症，使黏膜的防御功能下降，病原微生物乘虚而入。

主要的疾病是传染性鼻炎，有时继发急性和其他类型的巴氏杆菌病。这种疾病仅仅靠药物和疫苗是不能解决问题的，而改善兔舍环境，加强通风换气，能使家兔的症状很快减轻。因此，冬季应解决好通风换气和保温的矛盾，在晴朗的中午应打开一定窗户，排出浊气。

较大的兔舍应机械通风和自然通风相结合。为了减少污浊气体的产生，粪便不可在兔舍内堆放时间过长，每天定时清理，以减少湿度和臭气。经研究生物法降低兔舍臭味的技术取得了新的进展。

以微生态制剂——生态素，按0.1%的比例添加在饮水中或直接喷洒在颗粒饲料表面，让兔自由饮水或采食，不仅可以有效地控制家兔的消化道疾病，而且可以使兔舍内的不良气味大幅度降低。

抓好冬繁

冬季气温低，给家兔的繁殖带来很大的困难。但是，低温同时也不利于病原微生物的繁衍。

实践表明，在搞好保温的情况下，冬繁的仔兔成活率相当高，而且疾病少。因此，抓好冬繁是提高养兔效益的重要一环。冬繁需要解决的几个问题：

（1）保温问题。可采用多种方法进行增温和保温。冬季兔舍温度达到最理想的温度（15～25℃）是不现实的。根据生产经验，平时保持在10℃以上，最低温度控制在5℃以上，繁殖是没有问题的。

（2）产崽箱是关键。整体适温，局部高温是搞好冬繁的有效措施。所谓整体适温，是兔舍内的温度保持在10℃以上。局部高温是指产崽箱温度要达到仔兔需要的温度。一方面产崽箱的材料要具有隔热保温性，最好内壁镶嵌隔热系数较大的泡沫塑料板。一方面，产崽箱内填充足够的保温材料作为垫草。根据国外的经验，以薄碎刨花作为垫草效果最佳。将垫草整理成四周高、中间低的浅锅底状，让仔兔相互靠拢，互相供暖，不容易离开，也可实现保温防寒的目的。

（3）增强母性。母性对于仔兔成活率至关重要。凡是拉毛多的母兔，母性强，泌乳力高。而母性的强弱除了受遗传影响，受环境的影响也很大。据观察，洞穴养兔，没有人去管理母兔，其自行打洞、拉毛、产崽和护崽，没有发现母性差的母兔。也就是说，人工干预越多，对家兔的应激越大，本性表现得就越差。据试验，建造人工洞穴，创造光线暗淡、环境幽雅、温度恒定的条件，就会唤起家兔的本性，使其母性大增。因此，在产箱上多下工夫，可以达到事半功倍的效果。母兔拉下的腹毛是仔兔极好的御寒物。对于不会拉毛的初产母兔，可人工诱导拉毛，即在其安静的情况下，用手将其乳头周围的毛拉下，盖在仔兔身上，可起到诱导母兔自己拉毛的作用。

（4）精细管理。有些兔场冬季繁殖成活率低的主要原因是仔兔出生后3天内死亡严重，与管理不当有关。如产崽前没有准备产箱。环境不安静是造成母兔箱外产崽和仔兔吊奶的主要原因。吊奶是母兔在喂哺仔兔时，受到应激而逃出产箱，将正在吃奶的仔兔带出产箱。如果没有及时发现，仔兔多数会被冻死。另外，产箱过大、垫草少，小兔不能相互集中，容易爬到产箱的角落被冻死。

（5）人工催产。如果冬季兔舍温度较低，白天没有产崽，夜间缺乏照顾的情况下产的崽容易被冻死。因此，对于已经到了产崽期，但白天没有产崽的母兔，可采取人工催产。

方法有二：一是催产素催产。肌肉注射人用催产素，每支可注射3只母兔，10分钟内即可产崽。二是吮乳法诱导分娩。即让其他一窝仔兔吮吸待产母兔乳汁3~5分钟，效果良好。

科学管理

根据冬季气候特点，采取以下饲养管理方法：

（1）饲喂。冬季气温低，家兔维持体温需要消耗的能量较其他季节高，即兔子需要的营养要高于其他季节。无论是在喂料数量上，还是在饲料的组成上，都应作适当调整。比如，饲料中能量饲料适当提高，蛋白饲料相对降低。喂料量要比平时提高10%以上。在饲喂时间方面，更应注意夜间饲喂。尤其是在深夜入睡前，草架上应加满饲草，任其自由采食。

（2）适时出栏。冬季商品兔育肥的效率低，应采取小群育肥，笼养或平养。平养条件下，如果地面为水泥面或砖面，应铺垫干柴草，以减少热量的传递，防止育肥兔腹部受凉。冬季育肥用于维持体温的能量比例高，因此，只要达到出栏的最低体重即可出栏。否则，饲养期越长，经济上越不合算。

(3) 合理剪毛。冬季天气寒冷可刺激被毛生长。但是剪毛之后如果保温不当会引起感冒等疾病。因此，多采用拔毛的办法，拔长留短，缩短拔毛间隔，可提高采毛量。如果采取剪毛，在做好保温工作的同时，可预防性投药，或在饲料中添加抗应激制剂。

(4) 球虫病预防。冬季保温的兔场，应注意球虫病的预防。

(5) 防潮。冬季通风不良，兔舍湿度大，容易发生疥癣病和皮肤真菌病。因此，应做好防潮工作，注意传染性皮肤性疾病的发生。

第三节 种兔高效饲养技术

种公兔生产管理

饲养种公兔的目的在于配种、繁殖，以获得更多的质优的后代。种公兔应具备种性纯、生长发育良好、体质健壮、配种力强、繁殖后代量多质优等特点。种公兔饲养管理得好坏，将影响到整个兔群的质量，表现在兔群的生产性能、母兔的受胎率和产崽数、仔兔的健康及生长发育等方面。俗话说，“母兔好，好一窝；公兔好，好一坡”，即说明了种公兔饲养管理的重要性。

饲料营养要全面、均衡

种公兔的营养与其精液的数量和质量有密切的关系，特别是蛋白质、维生素和矿物质等营养物质，对精液品质有着重要作用。

日粮中蛋白质充足时，种公兔的性欲旺盛，精液品质好，不仅一次射精量大，而且精子密度大、活力强，母兔受胎率高。低蛋白日粮会使种公兔的性欲低下，精子的数量和质量都降低。不仅制造精液需要蛋白质，而且在性机能的活动中，诸如激素、各种腺体的分泌物以及生殖系统的各器官也随时需要蛋白质加以修补和滋养。所以应从配种前 2 周起到整个配种期，采用精、青料搭配，同时添加熟大豆、豆粕或鱼粉饲喂，日粮中粗蛋白质含量为 16%~17%，使蛋白质供给充足，提高其繁殖力。实践证明，对精液品质不佳的种公兔，配种能力不强的种公兔，适量喂给鱼粉、豆饼及豆科饲料中的紫云英、苜蓿等优质蛋白质饲料，可以改善其精液品质，提高配种力。

维生素与种公兔的配种能力和精液品质有密切关系。对于规模型养兔场，饲喂全价配合饲料时，一定要添加足够的维生素。当压制颗粒饲料时，还应适当提高维生素含量，以补充由于压粒过程中的高温对维生素的破坏。对于小规模兔场，在青饲料供应丰富的季节，可降低维生素的水平。青绿饲料中含有丰富的维生素，所以一般不会缺乏，但冬季青绿饲料少，或常年饲喂颗粒饲料而不喂青饲料时，容易出现维生素缺乏症。特别是维生素 A 缺乏时，会引起公兔睾丸精细管上皮变性，精子数减少，畸形精子数增多。如能及时补喂青草、菜叶、胡萝卜、大麦芽或多种维生素就可得到改善。

矿物质对种公兔的精液品质也有明显影响，特别是日粮中缺钙时，精子发育不全，活力降低，公兔四肢无力。饲粮中加入2%的骨粉即可满足公兔对钙的需要。日粮中有精料供应时，一般不会缺磷，但要注意钙的补充，钙、磷比例以1.5∶1~2∶1为宜。如在精料中能经常供给2%~3%的骨粉、蛋壳粉或贝壳粉，就不会引起钙、磷缺乏症。锌对精子成熟有重要作用。缺锌时，精子活力降低，畸形精子增多。日粮中添加微量元素添加剂，可保持种公兔具有良好的精液品质。

对种公兔的饲养，除应注意营养的全面性，还应着眼于营养的长期性。因为精细胞的发育过程需要一个较长的时间，实践证明，饲料变动对精液品质的影响很缓慢，对精液品质不佳的公兔改用优质饲料来提高精液品质时，要长达20天左右才能见效。因此，对一个时期集中使用的种公兔，在配种前20天左右就应调整日粮，达到营养价值高、营养物质全面、适口性好的要求。

另外还应注意种公兔不宜喂过多能量和体积大的秸秆粗饲料，或含水分高的多汁饲料，要多喂含粗蛋白质和维生素类的饲料。如配种期玉米等高能量喂得过多，会造成种公兔过肥，导致性欲减退，精液品质下降，影响配种受胎率。喂给大量体积大的饲料，导致腹部下垂，配种难度大。对种公兔应实行限制饲养，防止体况过肥而导致配种力差，性欲降低，而且精液品质也差。可以通过对采食量和采食时间的限制而进行限制饲养。自由采食颗粒料时，每只兔每天的饲喂量不超过150克；另一种是保持料槽中一定时间有料，其余时间只给饮水，一般料槽中每天的有料时间为5小时。

饲养管理要精心

适宜的环境：根据保温降温设施和当地气候条件，安排好配种季节与交配时间。当室温超过30℃时，种兔食欲下降，性欲减退，室温低于5℃会使种兔性欲减退，影响繁殖，所以要选择气候温暖和适时配种繁殖。

足够休息，适当运动：日常应为种公兔创造一个安静的生活环境，种公兔要单笼饲养，防止早配、乱配和打架斗殴致伤、致残。公母兔笼应有一定距离，避免因异性刺激而影响休息。在休息好的基础上，定期安排运动。种用公兔要经常晒太阳，适当运动，可每天放出笼外运动1~2小时，增强体质。运动能使种公兔身体强壮，激发其性机能，从而产生强烈的交配欲。兔笼应保持清洁干燥，经常洗刷消毒，防止肠道病、球虫病、疥癣病的发生。种公兔不宜长期饲养在一个兔笼里，应在2个月内换笼饲养。

加强种兔疾病防治：除常规的疫病防治，还要特别注意对种兔生殖器官疾病的诊治，如公兔的梅毒、阴茎炎、睾丸炎或附睾炎等，对患有生殖器官疾病的种兔要及时治疗或淘汰。

种公兔在换毛季节（春、秋两季）和健康状况欠佳时（如食欲缺乏、粪便异常、精神萎靡等）不宜配种。

配种强度要恰当

要充分发挥种公兔的作用，应掌握合理的配种强度，严禁使用过度。首先，公母兔比例要适宜：一般商品兔场，公母兔以1∶8~1∶10为宜；种兔场应不小于1∶5，若采用人工授精可减少公兔的数量。其次，要注意配种的强度在配种旺季，不能过度使用公兔。青年公兔1天配种1次，连用2~3天，休息1天；成年公兔1天配种1次，1周休息1天，或1天2次，连用2~3天，休息1天，每天配种2次时，间隔时间至少应在4小时以上。

在饲养管理条件好的兔场可实行频密繁殖，频密繁殖又称“配血窝”或“血配”，即母兔在产崽当天或第二天就配种，泌乳与怀孕同时进行。采用此法，繁殖速度快，适用于年轻体壮的母兔，主要用于生产商品兔，对种用肉兔则不宜产崽过密。采用频密繁殖一定要用优质的饲料来满足母兔的营养需要，同时加强饲养管理，在生产中，可根据母兔体况、饲养条件、环境条件综合起来考虑，将频密繁殖、半频密繁殖（产后7~14天配种）和延期繁殖（断奶后再配种）三种配种方式交替采用。

频密繁殖和半频密繁殖制度对母兔的要求高，利用强度大，需要有充分的营养和完善的技术管理作为支撑。不具备条件的兔场不宜采用。在我国多数兔场，仍应以常规繁殖为主，仅在条件较好的兔场或特别适宜繁殖的春秋季节结合使用频密繁殖或半频密繁殖制度。

种母兔生产管理

种母兔是兔群的基础，饲养的目的是使其提供数量多、品质好的仔兔。种母兔的饲养管理比较复杂，因为母兔在空怀、妊娠、哺乳阶段的生理状态各不相同，因此，在饲养管理上也应根据各阶段的特点，采取不同的措施。

空怀母兔的饲养管理

空怀母兔是指从仔兔断奶到再次配种妊娠之前这段时期的母兔。空怀期饲养主要体现在迅速调整膘情，促使其尽快发情，早日配种，提高配种率几个方面。母兔空怀期的饲养管理应根据季节、母兔膘情等酌情掌握。饲养空怀母兔营养要全面，但营养水平不宜过高，在青草丰盛季节，只要有充足的优质青绿饲料和少量精料就能满足其营养需要。在青绿饲料枯老季节，应补喂胡萝卜等多汁饲料，也可适当补喂精料。若在炎热的夏季和寒冷季节，可降低繁殖频度，营养水平不宜过高。空怀母兔应保持七八成膘的适当肥度，过肥或过瘦的母兔都会影响发情、配种，要调整日粮中蛋白质和碳水化合物含量的比例，对过瘦的母兔应增加精料喂量，迅速恢复体膘；过肥的母兔要减少精料喂量，增加运动。对空怀母兔的管理应做到兔舍内空气流通，兔笼及兔体要保持清洁卫生，对长期照不到阳光的兔子要将其调换到光线充足的笼内，以促进机体的新陈代谢，保持母兔性机能的正常活动。对长期不发情的母兔可采用异性诱导法或人工催情。一般情况下，为了提前配种、缩短空怀期，可多饲喂一些青饲料，增加维生素含量，饲喂一些具有促进发情的饲料，如鲜大麦芽和胡萝卜等。在配种前 7~10 天，实行短期优饲，每天增加混合精料 25~50 克，以利于早发情、多排卵、多受胎和多产崽。

妊娠母兔的饲养管理

母兔从配种怀胎到分娩的这一段时间称妊娠期。家兔的妊娠期为 29~35 天（平均 31 天），此期的饲养管理主要抓两点：一是供给充足的优质饲料，尤其在妊娠 15 天之后，更应注意饲料的质量（如粗蛋白含量应在 20%以上），以保证胚胎的正常发育；二是要防止流产，种母兔在怀孕之后，一定要单笼饲养，更不要随意捕捉。另外，在怀孕母兔产崽前 3~4 天，可把带有垫草的产崽箱放入笼内。母兔在妊娠期要供给母兔全面而充足的营养物质。但是，怀孕母兔如果营养供给过多，使母兔过度肥胖，也会带来不良影响，主要表现为胎儿的着床数和产后泌乳量减少。据试验，在配种后第九天观察受精卵的着床数，结果高营养水平饲养的德系长毛兔胚胎死亡率为 44%，而正常营养水平饲养的只有 18%。所以，一般怀孕母兔在自由采食颗粒饲料情况下，每天喂量应控制在 150~180 克；在自由采食基础饲料（青、粗料）、补加混合精料的情况下，每天补加的混合精料应控制在 100~120 克。怀孕母兔所需要的营养物质以蛋白质、无机盐和维生素最为重要。蛋白质是组成胎儿的重要营养成分，无机盐中的钙和磷是胎儿骨骼生长所必需的物质。如果饲料中蛋白质含量不足，则会引起死胎增多、仔兔出生重降低、生活力减弱。无机盐缺乏会使仔兔体质瘦弱，容易死亡。根据胎儿的发育规律，90%的重量是在怀孕18天后形成，所以在怀孕15天后要增加饲料量，特别加喂精料、维生素、矿物质饲料，保证营养的需要，防止发育不良及母兔产奶不足。在产前3天，则要适时减料，特别要减少精料，增加青料，供给充足干净饮水，防止乳房炎和难产。所以，保持母兔妊娠期，特别是妊娠后期的适当营养水平，对增进母体健康，提高泌乳量，促进胎儿和仔兔的生长发育具有重要作用。

怀孕母兔的饲养管理

还需做好产前准备工作，一般在临产前3~4天就要准备好产崽箱，清洗消毒后在箱底铺上一层晒干敲软的稻草。临产前1~2天应将产崽箱放入笼内，供母兔拉毛筑巢。产房要有专人负责，冬季室内要防寒保温，夏季要防暑防蚊。

防止流产：母兔流产一般在怀孕后15~25天内发生。引起流产的原因可分为机械性、营养性和疾病等。机械性流产多因捕捉、惊吓、不正确的摸胎、挤压等引起。营养性流产多数由于营养不全、突然改变饲料，或因饲喂发霉变质、冰冻饲料等引起。引起流产的疾病很多，如巴氏杆菌病、沙门氏杆菌病、密螺旋体病以及生殖器官疾病等。为了杜绝流产的发生，母兔怀孕后要一兔一笼，防止挤压；不要无故捕捉，摸胎时动作要轻，尽量避免兔体受到冲击，应轻捉轻放，使家兔保持安静、温顺；饲料要清洁、新鲜；发现有病母兔应查明原因，及时治疗；保持舍内安静，禁止突然声响及狗、猫等危害动物的惊扰；毛用兔禁止在妊娠期采毛。

接产：为了便于管理，大规模养兔应做到使母兔集中配种，然后将母兔集中到相近的兔笼产崽。母兔在临产前不吃食，阴门红肿，并自动拉毛、衔草做窝。有些母兔需人工帮助把乳头周围的毛拉下，铺在窝内。母兔在产崽时要特别注意安静，生产笼内光线不能过强。母兔边产崽边咬断脐带，吃掉胎盘，同时舐干仔兔身上的血污和黏液。母兔产后急需饮水，因此，在母兔临产前必须备好清洁饮水，供水要充足，水中可加些食盐和红糖，避免母兔因口渴而发生吃仔兔现象。母兔产崽之后要及时检查、整理产崽箱，清除污毛、血毛和死胎，并将仔兔用毛盖好。产期应注意有专人值班，冬季要注意保温，夏季要注意防暑。

哺乳母兔的饲养管理

母兔自分娩到仔兔断奶这段时期称为哺乳期。哺乳期是负担最重的时期，饲养管理得好坏，对母兔、仔兔的健康都有很大影响。母兔在哺乳期，每天可分泌 60~150 毫米乳汁，高产母兔泌乳量可达 150~200 毫米。兔乳汁浓稠，含干物质 24.6%，营养丰富，除乳糖含量较低，蛋白质和脂肪含量比牛、羊奶高 3 倍多，无机盐高 2 倍左右。所以饲喂哺乳母兔的饲料一定要清洁、新鲜，同时应适当补加一些精饲料和无机盐饲料，如豆饼、麸皮、豆渣以及食盐、骨粉等，每天要保证充足的饮水，以满足哺乳母兔对水分的要求。为提高仔兔的生长速度和成活率，并保持母兔健康，必须为哺乳母兔提供充足的营养。供给营养全面，能量、蛋白质水平较高的饲粮：消化能水平最低为 10.88 兆焦/千克，可以高到 11.3 兆焦/千克，蛋白质水平应达到 18%。应注意母兔产后 2 天内采食量很少，不宜喂精饲料，要多喂青饲料。母兔产后 3 天才能恢复食欲，要逐渐增加饲料量，为了防止母兔发生乳房炎和仔兔黄尿病，产前的 3 天就要减少精料，增加青饲料，而产后的 3~4 天则要逐步增加精料，多给青绿多汁饲料，并增加鱼粉和骨粉，同时每天喂给磺胺噻唑0.3~0.5克和苏打片1片，每日2次，连喂3天。如果母兔产后乳汁少和无乳，除上述增加精料，可采用催乳措施：①香菜每日早晨喂10克，2~3天喂1次。②蚯蚓5~10条洗净，用开水烫死，切成5厘米左右，拌入少量饲料中喂母兔，一般1次即可。③喂花生米，每天早晚各喂1次，每次5~10粒，喂至仔兔断奶为止。④口服人工催乳灵，每日1片，连用3~5天。饲养哺乳母兔的好坏，一般可根据仔兔的粪便情况进行辨别。如产崽箱内保持清洁干燥，很少有仔兔粪尿，而且仔兔吃得很饱，说明饲养较好，哺乳正常。如尿液过多，说明母兔饲料中含水量过高；粪便过于干燥，则表明母兔饮水不足。如果饲喂发霉变质饲料，还会引起下痢和消化不良。哺乳母兔的管理，主要保持兔舍、兔笼的清洁干燥，应每天清扫兔笼，洗刷饲具和尿粪板，并要定期进行消毒。另外，要经常检查母兔的乳头、乳房，了解母兔的泌乳情况，如发现乳房有硬块，乳头有红肿、破伤情况，要及时治疗。

仔兔管理抓三关

从出生到断奶这一时期的小兔称为仔兔。仔兔的生理特点是：器官发育不完全，调节功能差，适应能力弱，故新生仔兔不好饲养。加强仔兔的管理，提高成活率，是仔兔饲养管理的目的。仔兔管理主要是抓三关：初生关，开食关，断奶关。

初生关

除保证孕兔妊娠和泌乳期的营养水平，一是记准分娩时间，做好接生准备。二是仔兔出生后及时让其吃足初乳，采用强制哺乳、人工哺乳、寄养等措施，实行母崽分养，按时哺乳，人工哺乳、寄养等。三是切实做好仔兔保温防冻、防压、防吊乳、防鼠害工作，确保母崽安静舒适的生活。

早吃初乳：初乳是仔兔出生后早期生长发育所需营养物质的直接来源和唯一来源。尽管仔兔获得母源抗体主要来自母体胎盘血液，但初乳中也含有丰富的抗体，它对提高初生仔兔的抗病力有重要意义。初乳适合仔兔生长快、消化力弱的生理特点。实践证明，仔兔能早吃奶、吃饱奶则成活率高，抗病力强，发育快，体质健壮；否则，死亡率高，发育迟缓，体弱多病。在仔兔出生 6~10 小时内应让其吃到初乳，发现没有吃到初乳或没有吃饱，应及时让母兔喂奶。

强制哺乳：有些母性不强的母兔，尤其是初产母兔，产崽后不给仔兔哺乳，导致仔兔缺奶挨饿，若不及时处理，会使仔兔死亡。强制喂奶的方法是：将母兔轻轻放入产崽箱内，轻轻抚摸其被毛，使其保持安静，再将仔兔分别放在母兔的每个乳头旁，让其自由吮乳。当仔兔较长时间没有吃奶，又处于较低的气温条件下，仔兔往往没有能力寻找和捕捉奶头，这时需要人扶着仔兔喂奶。

防受冻：仔兔出生前处于恒温的环境中，母体子宫内的温度为 39℃左右，而生后由于仔兔裸体无毛，体温调节机能不健全，需要较高的温度。出生后前 3 天，产崽箱需保持较高的温度，最好提供 33~35℃的温度。

防鼠害：防鼠可主动灭鼠和被动防鼠相结合。主动灭鼠是利用药物和器械灭鼠，但投放药物要注意安全，防止家兔误食药物；被动防鼠是将仔兔和产崽箱放在老鼠不能爬进的地方。用猫来灭鼠不是最佳方案，因猫会吃掉仔兔，同时猫的一些寄生虫也会感染家兔。

开食关

母兔泌乳量是很有限的，随着仔兔的生长，仅靠母乳不能完全满足仔兔对营养的需求，必须给仔兔补料。大多数仔兔 14 日龄之内 100%的营养是从母乳中获得。当开眼后，已具备了一定的活动能力和体温调节能力，便开始认识草料，从此走上了一条先靠母乳为主、后采食饲料为主、再到独立生活的剧变之路。给仔兔补料一般从 16~18 天开始。仔兔开始吃食量很少，可将小浅盘粉料放在产崽箱里诱食，也可将粉料捏成小颗粒，从仔兔口角处塞进口腔，几次后仔兔便会主动采食了。这时是应激反应多发阶段，15~20 日龄时，母崽同笼饲养、共同采食，增加母兔饲料量和料槽，提高饲料品质。20~45 日龄，母崽分开，单独供给仔兔富含营养、易消化、新鲜卫生、适口性好、加工细致的优质饲料，并补充矿物质、维生素，以及消炎、杀菌、健胃、驱虫等药物。一般含粗蛋白质 20%~22%，消化能 11. 72~12. 56 兆焦/千克，粗纤维低于 8%。逐渐减少哺乳次数，增加喂料量，少喂多餐，供足温水，使仔兔逐步适应独立生活的外部环境。并要经常检查产崽箱，及时更换垫草，淘汰弱小仔兔。

断奶关

仔兔断奶的日龄，应根据饲养水平、繁殖制度、仔兔生长情况以及品种、用途、季节气候等不同情况而定。一般 40 日龄后就开始减少母崽接触的次数，并降低母兔的营养水平，减少泌乳量直至断奶。45 日龄后，体质强壮、采食好的仔兔可以完全断奶。体弱仔兔多留在母兔身边 1 周左右。断奶时采取母去仔留的方法，以防环境骤变发生应激反应。断奶现在一般采取分批或一次断奶，其实，无须分批断奶，因为多次断奶对小兔的应激更大，管理也麻烦。而且只要有一只仔兔断奶，对母兔的体况恢复和繁殖就会造成麻烦。最好采用一次断奶法，即在同一时间将母崽分开饲养。对个别窝重大小不一致的问题，要靠平时调整，只要断奶体重差不多即可。断奶时，实行“离奶不离笼”的方法最佳，做到饲料、环境、管理三不变，让断奶仔兔留在原笼饲养数日再转入幼兔舍，以减少环境变化和断奶同时进行使仔兔产生的应激，影响其生长。

科学饲养幼年兔

从断奶到3月龄的兔称为幼兔。幼兔阶段若不特别注意饲养管理，死亡率较高。

合理饲喂

幼兔阶段是生长发育速度最快的时期，但消化系统发育尚不完善，特别是肠道内还未形成正常的微生物群系，对食物的消化能力弱，但此时幼兔食欲旺盛，往往会由于贪吃而引起消化紊乱和腹泻。从仔兔到幼兔，环境也发生很大变化，易发病球虫病、大肠杆菌病等。因此，好的饲养管理是预防消化系统疾病的关键。断奶后1~2周内，要继续饲喂补料，然后逐渐过渡到幼兔料，以防因突然变料而导致消化系统疾病。为了促进幼兔生长，提高饲料消化率，降低发病率，幼兔日粮一定要新鲜、清洁、体积小、适口性好，营养全面。特别是蛋白质、维生素、矿物质要供给充分，同时添加一些氨基酸、酶制剂和抗生素等。饲喂幼兔一般使用人工颗粒饲料自由采食的办法，饲喂要定时定量，少吃多餐，一般以每天喂3~4次为宜，保证幼兔吃饱吃好，健康成长。

及时分笼

应根据性别、体重、体质强弱、日龄大小进行分群饲养。按笼舍大小确定饲养密度，幼兔每笼（面积约0.5平方米）4~5只为宜，群养时8~10只组成小群，饲养密度过大，群体过大会造成拥挤，采食不均而影响生长发育，环境也容易脏污，使幼兔抵抗力下降。在饲养管理上可采用单笼或原窝同笼饲养的办法。

适时剪毛

主要是指长毛兔。断奶幼兔在 2 月龄左右应进行第一次剪毛，把乳毛全部剪掉。体质健壮的幼兔剪毛后，采食量增加，生长发育加快；体质较弱的幼兔不宜剪毛，可延迟一段时间再剪。冬季是长毛兔产好毛的季节，应提高技术、把握时机，待兔毛长至一级标准时，选在晴日抓紧时机适时剪毛。为照顾毛兔自身保暖，剪毛时要取长留短，少采腹毛，以免兔体受寒。剪毛后为防其受凉感冒，两周以内应加强防寒保暖措施。夏季为防暑可提前到 50 天剪毛，其他季节 70 天剪毛，这样就充分利用了剪毛后毛生长快的优点，并且每年可增加一次剪毛。

防寒保暖

幼兔比较娇气，对环境的变化敏感，尤其是寒流等气候突变，给其提供舒适的环境条件是降低发病率、促进发育的有效措施。应保持兔舍清洁卫生，环境安静，干燥通风，饲养密度适中，还要防止惊吓、潮湿、风寒和炎热，防空气污染和鼠害等。放出幼兔运动时，春秋季节在早晨放出，傍晚归笼；冬季宜在中午暖和时放出；夏季应在早晚凉爽时放出。

疾病预防

幼兔阶段是多种传染病的易发期，防疫好坏是决定成活率高低的关键，应将环境隔离、药物预防、疫苗注射和加强管理结合起来，严格防疫制度。除了注射兔瘟疫苗，还应注射魏氏梭菌疫苗及波氏-巴氏二联苗。兔场可根据本场的实际情况，注射大肠杆菌和克雷伯杆菌疫苗。由于以上几种病原菌产生变异的可能性较大，最好利用本场分离出来的病原菌制作疫苗，以提高免疫效果。有些疾病疫苗的保护率不高，有的目前还没用适宜的疫苗。因此，不能放松药物预防，特别是球虫病和巴氏杆菌病。在春秋两季，还应注意预防感冒、肺炎和传染性口腔炎等疾病。农村的中草药资源丰富，有些中草药的效果很好，特别是在预防病毒性疾病方面可以发挥作用。如在饲料中加入洋葱、大蒜或韭菜等植物，不仅可以防病，而且可促进生长。

后备兔生产管理

后备兔指 3 月龄至初配阶段留作种用的青年兔。青年兔阶段生长发育很快，各种系统的发育已趋完善，成熟早的公母兔已有性欲和发情表现。此期主要是长骨骼和肌肉的阶段，对蛋白质、无机盐和维生素的需要多，抗病力和对粗饲料的消化力已逐渐增强，是比较容易饲养的阶段，但也是容易忽视饲养管理的时期。如果饲养管理过于粗放，青年兔生长缓慢，到适配年龄时达不到标准体重，其繁殖性能则会降低，繁殖力较差。因此，生产中不能忽视青年兔的饲养管理。

后备兔的体重控制

控制体重是后备兔管理的要点，种兔体重并非越大越好。成年獭兔体重应控制在 3.5~4 千克，不超过 4.5 千克即可。初配体重，一般生产群只要达到成年体重的70%以上即可。对于有生长潜力的后备种兔，要采取前促后控的策略，后期不能使其体重无限生长。一般采取限制饲养的办法，即当达到一定体重后，每天控制喂料量85%左右。对于配种期的种兔，要控制膘情，防止过肥。在条件允许的情况下，可适当让后备兔增加运动和多晒太阳。

后备兔的饲料控制

此期正是生长发育的旺盛时期，应利用其优势，满足蛋白质、矿物质和维生素等营养的供应，尤其是维生素A、维生素D、维生素E，以促进其骨骼和生殖系统的发育。后备兔饲料中的蛋白质成分可低于繁殖用兔的饲料，一般含12%~15%即可，但粗纤维的成分要略高些，可达17%以上。4月龄以后脂肪的囤积能力增强，为了防止其过于肥胖，应适当控制能量饲料，多喂青饲料，以促进骨骼的发育和形成健壮的体质。有些兔场在生产中容易忽视对后备兔的饲养管理，结果导致生长缓慢，到配种年龄时，由于发育差，达不到标准体重，勉强配种，所生仔兔发育也差，因此，在生产中不能忽视对青年兔的饲养管理。

后备兔的初配控制

为了防止青年兔的早配、乱配，从3月龄开始就必须将公母兔分开饲养。对4月龄以上的青年兔进行一次选择，把生长发育优良、健康无病、符合种兔要求的留作种用，最好单笼饲养。不作种用的公兔要及时去势，便于管理和提高生产性能。据试验，毛兔去势后一般可提高产毛量10%~15%；肉兔去势后的增重速度可提高10%~15%。从6月龄开始应训练公兔进行配种，一般每周交配1次，以提高早熟性和增强性欲。

第五章

家兔的高效育种技术

家兔育种工作起步于20世纪初，在国外，大致可分为两个阶段，20世纪50年代以前处于个人培育种兔的时代，到了60年代，则进入专门育种协会和遗传学家协同培育种兔的时代。我国20世纪60年代前由于家兔产品的经济价值还没有完全被人们所认识，对家兔品种缺乏系统选育，也没有培育出新的家兔品种。20世纪80年代以来，外贸事业的发展，和人民生活水平的提高，促进了国内家兔育种工作，陆续培育了一些新品种或类群。

家兔育种，是根据生物的遗传和变异现象，通过系统选种、选配、培育和杂交改良等综合措施，使优良性状得以固定，剔除不良性状，从而培育出生产性能高、适应性强、遗传性稳定、杂交效果好的新品种。本章将着重介绍家兔育种基本原理、方法及其在育种工作中的应用。

第一节　家兔育种遗传学原理

遗传与变异的基本概念

俗话说，“种瓜得瓜，种豆得豆”，这是大家都常见的现象。它反映了自然界中一个重要的事实，即生命的连续，其实就是再生自己的类似者，种瓜一定得瓜，不会生豆，种豆也一定得豆，不会生瓜，这种现象称为广义遗传。但也有这样的事实，叫作“一母生九子，九子各异”。这就是说，九子中并不完全相同、相似（同卵孪生子除外），他们之间各有差异。如果把他们与其父母比较，则各有与其父母相同或相似的现象，这叫作狭义遗传，不相同或不相似的现象叫作变异。

在家兔生产中，常常遇到这种情况，同一品种或品系的家兔，它们体形、外貌、生产性能、毛色等，有的能一代一代遗传下去，有的则不能遗传。美国学者契克（Checke）指出，一般与家兔繁殖力有关的性状遗传力较低（低于0.15），而家兔生长速度和兔体品质等的遗传力较高。根据这种现象，我们可以利用育种等各种手段，把能遗传的有利变异和优良性状加以固定，而把有害变异和不良性状加以剔除，培育新的高产品种、品系或类群。遗传和变异现象并非是偶然性的，而是有一定规律的。

遗传的基本规律

遗传的基本规律有三个，即分离规律、自由组合规律和连锁交换规律，前两个规律因为是奥地利遗传学家孟德尔（1822—1884年）发现的，所以又称为孟德尔规律。1900年以前世界上仅有十几个家兔品种，之后，培育了60多个品种200多个品系，产生这样大的变化，主要应归功于孟德尔规律和后来发现的连锁交换规律。

孟德尔独立分离规律

显性和隐性的性状

首先，让我们看一个杂交试验，例如，长毛兔（安哥拉兔）与短毛兔相互杂交，不论短毛兔是父本或母本，它们的杂种一代总是短毛兔。如果用亲$_1$代表第一代亲本（或称亲一代），即杂种亲本；

用亲$_2$代表第二代亲本（或称亲二代），即第一代亲本的亲本；用子$_1$代表第一子代，用“×”代表交配，那么，这第一代（子$_1$）的历史可以这样来表示：

亲$_2$ 长毛兔　短毛兔

↓　　　↓

亲$_1$ 长毛兔×短毛兔

↓

子$_1$　短毛兔

第一代（子$_1$）表现出来的性状叫作显性，不表现出来的性状叫隐性。就是说，短毛对长毛是显性，长毛对短毛是隐性。控制显性的因子（即基因）称为显性基因，控制隐性的因子称为隐性基因。

孟德尔的分离规律

在进一步杂交试验中，还发现：

亲$_1$　长毛兔×短毛兔

↓

子$_1$　短毛兔（自交）

↓

子$_2$　3 短毛兔 1 长毛兔

上述杂交试验中，杂种子$_1$代短毛兔当它们相互交配时，发现在子$_2$代中，出现的短毛兔与长毛兔比例为 3∶1，如果用子$_2$代中的隐性性状（长毛），例如子$_2$代中的长毛兔相互交配，都能真实遗传，即所有后代都是长毛兔。但是，子$_2$代中的短毛兔相互交配，并不是全部都能真实遗传的，其中约 1/3 是真实遗传的，有 2/3 是不能真实遗传的，即产生出 3/4 短毛兔和 1/4 长毛兔。

如果用符号表示上述结果，短毛原来由一对“短”因子所决定，这一对因子可以用大写字母 LL 来表示；长毛由一对“长”因子所决定，这一对因子可以用小写“ll”来代表。家兔性成熟，产生出配子(精子和卵子)，配子里只含有所研究性状的一个因子，例如短毛兔LL产生出L配子，长毛兔ll产生出配子l。以后通过受精作用，L与l相遇在一起，存在于杂种中，恢复了因子成对的状态：

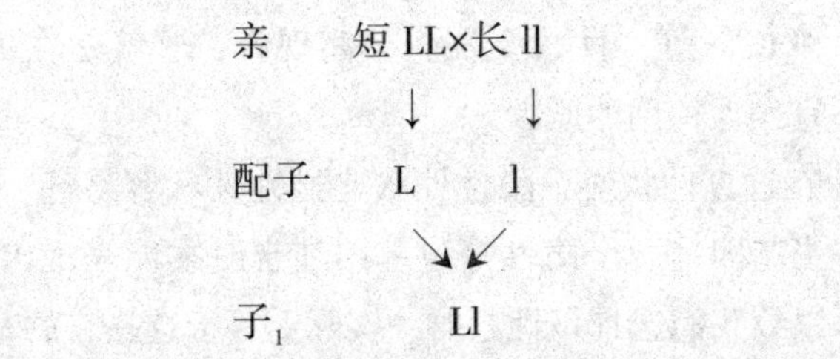

以后杂种（Ll）兔成熟，产生配子时，成对因子的成员（L和l）分离，各自保持原来的特性相互不发生影响。在那里，雌性配子有两种，即L和l，数目相等；雄性配子同样有两种，即L和l，数目也相等。在那里，L和l的卵子跟L和l的精子随机结合的机会相等。因此，形成了LL、Ll、lL和ll。由于L对l是显性，Ll和lL是一个东西，所以LL、Ll和lL的表现型一样，即都是短毛兔，ll为长毛兔，因此得到了3/4短毛，1/4长毛。

由此可见，杂种成对因子是杂型合子（Ll），它们产生两种配子，L和l。纯种成对因子是纯型合子（LL、ll），它只产生一种配子，L或l。

基因型和表现型

基因型是生物一切遗传基础的总和，是基因的结合类型，是肉眼看不到的东西。相同基因结合称同型结合，如LL、ll等，又称纯合体；不同基因结合称异型结合，如Ll等，又称杂合体。

表现型简称表型，是所有性状的总和，即所有性状的外部表现，是可以观察到的，它是基因型和环境相互作用的结果。

孟德尔分离规律的实践

孟德尔分离规律，可以使我们得到以下几点启示：

(1) 性状相同的个体之间，它们的遗传基因型不一定相同。因此，在选择种兔时，不仅要根据性状选，更重要的还是要根据基因型来选。

(2) 基因型在纯合情况下，例如：LL、ll 和 $C^{ch}C^{ch}$、cc，性状不会发生分离，因此，纯种兔性状比较稳定。杂种兔基因是杂合的，例如：U 和 $C^{ch}c$ 等，性状会发生分离现象，这就是在一般情况下，杂种兔不宜作为种用的原因。

(3) 在选育性状时，隐性性状比显性性状容易选。因为隐性性状，只有当基因是两个隐性等位基因纯合时才能表现出来，它的表里一致，以致我们选择该性状时，实际上等于选择它的基因型。

孟德尔自由组合规律

自由组合规律

自由组合规律是指两对或两对以上相对性状的遗传情况。遗传试验告诉我们，这两对以上的性状，在配子形成时是互不干扰、独立分离的，而它们之间的结合又是自由的、随机的，各自独立分配。

自由组合规律与分离规律的区别在于，分离规律指出了等位基因（相同基因处于染色体同一位置上称等位基因）之间的分离，而自由组合规律指出了位于不同对染色体上非等位基因之间的分离。

现举两对相对性状遗传的例子来说明自由组合规律。例如：用青紫蓝色短毛兔与白化长毛兔杂交，$子_1$ 代出现的全部是青紫蓝色短毛兔；让$子_1$ 代相互交配产生的$子_2$ 代则表现为青短、青长、白短、白长四种情况，其性状分离比例为 9∶3∶3∶1，在数学关系上刚好是 $(3:1)^2$。如果按毛色和长短两对性状分别归纳分析，则分离仍为 3∶1，也符合独立分离规律。我们以图表来说明这个例子：我们先对$子_2$ 进行性状分析，两对性状杂交，产生 16 个基因组合，得出如下性状比例（图 5-1）。

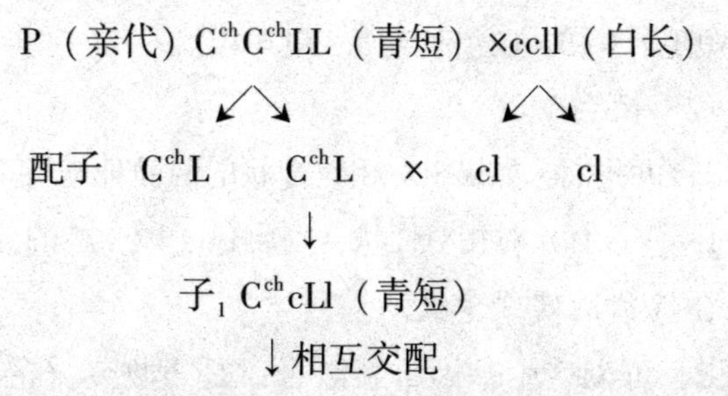

子$_2$雌性配子	雄性配子			
	$C^{ch}L$	$C^{ch}l$	cL	cl
$C^{ch}L$	$C^{ch}C^{ch}LL$ 青短	$C^{ch}C^{ch}Ll$ 青短	$C^{ch}cLL$ 青短	$C^{ch}cLl$ 青短
$C^{ch}l$	$C^{ch}C^{ch}lL$ 青短	$C^{ch}C^{ch}ll$ 青长	$C^{ch}clL$ 青短	$C^{ch}cll$ 青长
cL	$cC^{ch}LL$ 青短	$cC^{ch}Ll$ 青短	ccLL 白短	ccLl 白短
cl	$cC^{ch}lL$ 青短	$cC^{ch}ll$ 青长	cclL 白短	ccll 白长

图 5-1 家兔两对性状遗传型式

设：C^{ch} 代表青紫蓝色，c 代表白化；L 代表短毛，l 代表长毛。用青紫蓝短毛（$C^{ch}C^{ch}LL$）与白化长毛兔（ccll）杂交。

归纳上述结果：

9/16青紫蓝色短毛兔 ∶ 3/16青紫蓝色长毛兔 ∶ 3/16白化短毛兔 ∶ 1/16白化长毛兔

9 ∶ 3 ∶ 3 ∶ 1

如果我们将毛色和长短分别分析，就发现：

青紫蓝色：9+3＝12，白化：3+1＝4

即青紫蓝色 12∶白化 4＝3∶1

同样，短毛：9+3=12，长毛：3+1=4

即短毛 12：长毛 4=3：1

上述结果告诉我们，如果 3 对相对性状的两品种进行杂交，分离比例则为 $(3:1)^3$；若有 n 对相对性状，则会有 $(3:1)^n$ 的分离比例。

自由组合规律的实践意义

通过杂交，可以产生基因重新组合，是生物变异的重要来源之一。借此可不断丰富生物界的多样性，促进生物的进化。在家兔育种工作中，人们通过控制杂交亲本，选择对后代有益的性状重新组合个体，期望创造出家兔新品种。

杂合体的检验

杂合体在表现型上与显性纯合体没有区别，识别它们的方法，最简便的是把它与隐性个体交配，这种方法叫侧交。如果是纯合体，则它与隐性个体交配所得后代只表现一种性状，即显性性状，例如：LL（短毛）×ll（长毛）→短毛；如果是杂合体，则后代一半表现显性性状，一半表现隐性性状，例如：Ll（短毛）×ll（长毛）→1/2 短毛、1/2 长毛。

连锁规律

以上介绍的遗传学两大规律，因子分离规律具有普遍意义，而因子独立分配规律却有一定的局限性。这里将介绍与因子独立分配规律显然不符合的另一现象，即连锁遗传。

首先让我们看一种现象，家兔被毛的毛色呈花斑的，如德国花巨兔等；也有不呈花斑的，如青紫蓝兔等，这种兔暂且称它为纯一色。如果用花斑短毛兔（例如德国花巨兔）与纯一色长毛兔（例如棕色安哥拉兔，此为安哥拉兔的另一色型）杂交，所产生的杂种一代都是花斑短毛兔，可见花斑是纯一色的显性，短毛是长毛的显性。用 En 表示花斑基因，en 是它的等位基因——纯一色基因；L 表示短毛基因，l 表示长毛基因，那么杂种一代的基因应该是 Enenll。根据因子独立分配规律，杂种一代与双隐性亲本类型（enenLL）回交，在回交一代中所出现的花斑短毛、纯一色长毛、花斑长毛、纯一色短毛 4 种性状组合类型间的比数，应该是 1∶1∶1∶1，即 25%∶25%∶25%∶25%，但实际出现的比例是 44%∶44%∶6%∶6%。从回交后代来看，虽然也出现 4 种性状组合类型，但它们所出现的比数相差很远。根据所出现的实际比例来看，绝大部分是亲本性状的组合类型，即花斑短毛和纯一色长毛，它们各占 44%，似乎有一种力量把花斑和短毛、纯一色和长毛拴在一起。至于重新组合类型（花斑长毛和纯一色短毛）则少得可怜。

如果用杂交一代自群繁育，杂种二代所出现的比数也不是 9∶3∶3∶1，而是近似 11∶1∶1∶3。这里杂种二代双隐性性状不像随机分配那样只有 1/16，而是每 5 个左右就有一个双隐性性状的个体。

以上所说的，花斑和短毛、纯一色和长毛这两种性状总是连在一起，作为一个集团移动而向下遗传，它们不能独立分配和自由结合，这种遗传现象，称连锁遗传现象。连锁遗传的实质在于，位于同一染色体上的许多基因，在减数分裂时随着这条染色体一起进入同一个生殖细胞中，由于该染色体的限制，使这些基因不能独立分配。这种基因集合在同一条染色体上的现象，叫作连锁；而相互连锁着的基因的遗传行为，就叫作连锁遗传。连锁遗传的发现，完善了独立分配规律，那就是，处在不同染色体上的那些基因是按照因子独立分配规律而遗传的，而处于同一染色体上的那些基因则是呈连锁遗传。上述试验中，回交后代和杂种二代出现不同于两个亲本原来的性状组合（花斑长毛和纯一色短毛）的遗传现象，情况较为复杂，要讲清楚这个问题，还得从染色体以及它在减数分裂中特殊行为讲起。限于篇幅，这里不再赘述。

连锁规律是美国遗传学家摩尔根（Morgan）1910年所证实的，他的这一成果使遗传学大大向前迈进了一步。利用这一规律，可以预先知道同一条染色体上的哪些基因属于同一个连锁群，确定基因在染色体上位置，有利于选种。例如，两个有利基因紧密地连锁在一起，当改变某一性状时，往往另一性状也得到相应的改变。目前正在探索早期选种，就是企图找出与某一经济有益性状有密切关联的，而且在幼年时期就能表现明显性状的基因，发现了这个基因，就可以根据它的表现情况，而判断该幼畜成长后与其有关的另一性状的优异程度，从而提高选种的效率。

兔毛形态的遗传

兔毛的长短可分为三种类型，即长毛型，毛纤维通常可达6.0~10.0厘米，饲养较多的主要是安哥拉兔；普通毛型（或称标准毛型），具有这种毛型的兔子较多，主要为肉用兔和皮肉兼用兔，如新西兰白兔、加利福尼亚兔、青紫蓝兔、日本大耳兔、中国白兔等，这类兔的毛纤维长度为2.5~3.0厘米；还有一种为短毛型，其代表品种是力克斯兔，即獭兔，毛纤维长度为1.3~2.2厘米。有关长毛型和普通毛型的遗传情况，已在前面遗传的基本规律中述及。獭兔毛型的遗传情况，与前述基本相同。据试验指出，獭兔的短毛型对普通毛型而言，是隐性遗传。如果用普通兔与獭兔交配，子一代杂种全部出现普通毛，子二代杂种中才出现獭兔，其比例为3∶1。

獭兔的毛型遗传还会出现与前述不同的情况，用不同系的纯种公母獭兔交配，所产生的子一代竟然都是标准毛。而让子一代公母兔交配所产生的子二代中，既有标准毛，也有短毛，两者的比数约为9∶7。产生这种现象的原因可作如下解释，兔毛的形态通常有两对基因相互作用。作用于獭兔短毛的 r_1r_1、r_2r_2、r_3r_3 三对基因，并不在一个位点（即基因在染色体上的位置）上，而每一种基因都有一个与其相对应的显性等位基因，它们分别为 R_1R_1、R_2R_2 和 R_3R_3。但无论在何种情况下，家兔只要具有其中的一对隐性基因，就能表现出短毛型。如果以 r_1 纯合体与 r_3 纯合体杂交，将出现如下的遗传型式（图 5-2）。

亲代　獭兔　×　獭兔

$r_1r_1R_3R_3$ | $R_1R_1r_3r_3$

↓

子1　$R_1r_1R_3r_3$　由于 r_1 和 r_3 分别受 R_1 和 R_3 所抑制，

↓×　因此表现为普通毛

子2　基因型　$9R_1$ __ R_3 __ ：$3R_1$ __ r_3r_3 ：$3r_1r_1R_3R_3$ ：$1r_1r_1r_3r_3$

表现型　9 普通毛：　7 短毛

注："R_1 __" 表示 R_1R_1 或 R_1r_1，"R_3 __" 表示 R_3R_3 或 R_3r_3

图 5-2　獭兔不同系间杂交表现

从图中可以看出，在杂种二代的个体中，凡是 r_1 或 r_3 基因同质结合时，不管是否有 R_3 或 R_1 基因存在，都能表现出獭兔的短毛（如 R_r_3 和 $r_1r_1R_3\_$）。由此看来，r_1 同质结合时似乎对 R_3 有抑制作用，或 r_3 同质结合时似乎对 R_1 有抑制作用，这种由一个位点上的隐性基因抑制另一位点上显性基因的现象，称为上位性的隐性抑制作用。鉴于上述獭兔遗传现象，在獭兔育种或生产实践中，不要轻易采用不同系间的獭兔杂交，以免导致獭兔毛型改变，使毛皮品质下降。

兔的毛色遗传

家兔毛有各种各样的颜色，它们都是由基因控制的，这些基因间还存在着相互作用。已知控制家兔毛色的基因至少有 8 个系统，这些基因间的作用各不相同，但有些基因虽然作用不同却产生相似的毛色，所以毛色遗传是一种非常复杂的遗传现象。为了使读者掌握兔的毛色遗传规律，便于应用于生产实践，现将作用于毛色的基因系统和不同色型及其基因符号介绍于下。

作用于毛色的基因系统

A 系统基因的作用

野兔毛在一根毛纤维上有三段颜色，毛基部和尖部色深，中段颜色浅。这种毛色通称为野鼠色，在遗传学上用“A”代表控制野鼠色的基因。与野鼠色相对应的是非野鼠色，这种毛纤维整根都是一色，非野鼠色由 a 基因控制。A 的第三个等位基因是 a^t 基因，在 a^t 基因作用下，产生了黑色和黄褐色被毛，眼眶四周出现白色眼圈，腹部白色，腹部两侧、尾下和脚垫的毛为黄褐色。

系统中三个等位基因的显性顺序是 $A>a^t>a$。在基因杂合情况下，Aa^t 或 Aa 表现为野鼠色；a^ta 表现为黑色或黄褐色，只有当 aa 纯合时才表现为非野鼠色毛。

B 系统基因的作用

B 基因作用是产生黑色毛，它的等位基因 b 产生褐色毛，B 是 b 的显性基因。当 B 基因与 A 基因结合（AA 或 Aa），则产生黑—浅黄—黑的毛色；b 基因与 A 基因结合（AA 或 Aa），则产生褐—黄褐的毛色。

C 系统中基因的作用

C 系统中等位基因有 6 个，即 C、$C^{ch}3$、$C^{ch}2$、$C^{ch}1$、C^H 和 c。其中除 C 基因的作用是使整个毛色一致成为深色（全色，一般表现为黑色），其余 5 个等位基因都或多或少地具有减少色素沉着的作用。使色素变淡的能力分别为 $C>C^{ch}1>C^{ch}2>C^{ch}3$；$C^H$ 为喜马拉雅型白化基因，能使色素限制在身体末端部位，并对温度比较敏感（冬季较深，夏季较淡）；c 是白化基因。C 系统中基因的显性顺序为：

$C>C^{ch}3>C^{ch}2>C^{ch}1>C^{ch}>c$。

D 系统中基因的作用

D 系统中的等位基因为 D 和 d。d 基因的作用是淡化色素，它与其他一些基因结合，使黑色淡化为青灰色，黄色淡化为奶油色，褐色淡化为淡紫色。当 d 基因与 a 基因结合（aadd）时，就会产生蓝色兔（实为青灰色）。所以，一切蓝色兔都含有 aadd 基因型。例如：美国蓝色兔、蓝色银狐兔、蓝色安哥拉兔等。D 基因是 d 基因的显性，它不具有淡化色素的作用。

E 系统中基因的作用

E 系统中的等位基因有 E^D、E^S、E^i、e^j 和 e。E^D 基因使黑色素扩展，从而使野鼠色毛中段颜色加深，整个毛被形成了铁灰色；E^s 基因作用较 E^D 基因作用弱，产生浅铁灰色被毛；E^i 基因产生似野鼠色的灰色毛；e^j 基因产生黄毛和黑毛嵌合体，即产生一条黑带、一条黄带似虎斑型毛色；e 基因在纯合时能抑制深色素的形成，由于缺乏上层深色素的掩盖，致使下层黄色素和带红的色素暴露，使兔的被毛成为黄色。E 系统中基因的显性顺序是 $E^D>E^S>E^i>e^j>e$。

En 系统中基因的作用

En 基因是显性白色花斑基因，即以白色毛作为底色，在耳、眼圈和鼻部呈黑色，从耳后到尾根的背脊部位有一锯齿形黑带，体侧从肩部到腿部散布着黑斑。因鼻部的黑块呈蝴蝶形，故又称其为蝴蝶花斑。它的隐性等位基因 en 的效应使全身只表现一种颜色，但是当 Enen 杂合时，背脊部位的锯齿形黑带变宽。有人认为，当 En 基因杂合时，会降低兔的生命力，很难饲养。因此，目前饲养的大多数花斑兔的基因是 Enen，只有美国花巨兔为 EnEn 纯合型。

Du 系统中基因的作用

Du 系统中的等位基因有 du、du^d 和 du^w。du 基因决定荷兰兔毛色类型，另两个等位基因 du^d 和 du^w 决定荷兰兔白毛范围的大小。当 du 基因存在时，有可能使白毛限制在最小范围，使其形成深色荷兰兔；当 du^w 基因存在时，则有可能将白毛扩大到最大的范围。至于白毛的范围究竟有多大，除了受这两个等位基因的控制，还受一系列修饰基因的影响。显性基因 du 的作用，使被毛不产生荷兰兔花色。

V 系统中基因的作用

该系统中的 V 基因能抑制被毛上出现任何颜色，并且还能限制眼虹膜前壁的色素，使具有 vv 基因型的兔外表呈蓝眼白毛（例如维也纳白兔）。但当它的等位显性基因 V 存在时，则不表现维也纳白兔类型。

以上简单介绍了家兔毛色最基本的遗传情况，控制家兔毛色的基因有一二对，也有三四对，如龟甲色荷兰兔和英国浅紫色花斑兔。当我们初步了解兔毛遗传规律后，在进行育种和生产实践中，必须根据育种目的和生产要求来选择亲本品种的毛色。尤其在獭兔繁育中要十分注意亲本间毛色的搭配，对提高獭兔生产的经济效益有着重要的意义。

第二节 家兔的选种和选配方法

家兔的选种

“好种出好苗”，这是人所皆知的道理，前面提到过，家兔在一代代的繁衍过程中，有些性状能忠实地遗传下去，有的则不能，产生变异。有的变异对人类有利，有的则不利。选种是人们干预家兔遗传性的重要手段之一，是提高家兔生产性能、改良品种和培育新品种的基本方法。

选种方法很多，在家兔选种中主要有个体选择、家系选择、系谱选择和综合选择。

个体选择

个体选择是根据家兔品质鉴定结果而选留种兔的一种方法。个体选择方法主要有百分法和指数选择法两种。

百分法

采用百分制选择方法，首先根据兔群体的生产水平，制定出各项经济性状的评分标准，根据评分标准来选择，并根据各项生产性能相对重要性给予一定的分数。最后将各项性能所得分数总加起来，满分为100分，选择时根据总分的高低来评定优劣（表5-1）。

表5-1 体重、一次剪毛量和产毛率评分标准

等级	公兔				母兔			
	体重（克）	剪毛量（克）	产毛率（%）	评分	体重（克）	剪毛量（克）	产毛率（%）	评分
特	3600	210	23	90	3700	220	24	90
一	3400	190	22	80	3500	200	23	80
二	3200	170	21	70	3300	180	22	70
三	3000	150	20	60	3100	160	21	60

注：体重每增加10克，增加评分0.5分；产毛量每增加1克，增加评分0.5分；产毛率每增加1%，增加评分10分。

本表是江苏省标准局1990年颁布的《德系长毛兔种兔鉴定标准》；本表中评分栏中90分应视为满分，即100分。

指数选择法

家兔的经济价值往往是由多个性状决定的，如果能同时选择几个性状，则选择效果会更好。采用指数选择法可以较好地解决这个问题。原来的选择指数公式多采用遗传力、各性状相对经济重要性等参数构成系数，计算较为复杂，况且，我国到目前为止还没有对家兔的主要经济性状遗传参数进行估测，故采用以下较为简便的方法制定选择指数公式。

选择指数基本公式：

$$I=a_1P_1+a_2P_2+\cdots+a_nP_n$$

式中：I 为选择指数；a_1，a_2，$\cdots a_n$ 为第一性状，第二性状，…，第 n 性状的系数；P_1，P_2，…，P_n 为第一性状，第二性状，…，第 n 性状具体数值。

根据这一基本的选择指数公式，在使用时需转为实际选择指数公式。现仍以长毛兔产毛性能为例，选择剪毛量、产毛率和体重 3 个性状。其步骤为：

（1）确定各性状占总分的比重。按剪毛量、产毛率和体重的相对重要性，确定它们的比重分别占总分的 50、30、20，这些性状所占比重总和等于 100。“100” 在这里只用来表示兔群体平均水平。

（2）求系数 a。某兔场群兔第三次剪毛量、产毛率和体重平均值分别为 190 克（$[AKP-]_1$）、22%（$[AKP-]_2$）、3.4 千克（$[AKP-]_3$），按基本公式：

$$I=a_1\bar{P}_1a_2\bar{P}_2a_3\bar{P}_3=50+30+20=100$$

即 $a_1\bar{P}_1=50$，$a_2\bar{P}_2=30$，$a_3\bar{P}_3=20$，其中 $\bar{P}_1$、$\bar{P}_2$、$\bar{P}_3$ 为已知，则剪毛量系数 $a_1=\dfrac{50}{190}\approx 0.26$，产毛率系 $a_2=\dfrac{30}{22}\approx 1.36$，体重系数

$a_3=\frac{20}{3.4}\approx 5.88$。于是该场产毛性能的选择指数为：

$I=0.26P_1+1.36P_2+5.88P_3$

在选种时，只要将种兔3个性状的数值代入上式中，若指数高于100者即可留种，低于100者则淘汰。

以上选择指数公式适用于正向选择性状，即性状数值越高，得分越多，因而在构成公式时采用多项性状相加的形式。而对逆向选择即性状的数值越高，得分越少，如对饲料消耗比等的性状则不适用，需对它采取相减的形式，并加上一个基数，使这几项性状指数在兔群平均水平的指数达到100。

例如：在鉴定种用肉兔时，采用3月龄体重（P_1）、断奶至3月龄平均日增重（P_2）和饲料消耗比（P_3）3项指标，在构成选择指数公式时，根据这3项性状的重要性规定它们的比重分别为40、30、30。已知某兔群的3月龄平均体重为2.5千克，平均日增重25克，饲料消耗比为3，计算各项系数为：

$$a_1=\frac{40}{2.5}=16，a_2=\frac{30}{25}=1.2，a_3=\frac{30}{3}=10$$

其中，饲料消耗比为逆向选择的性状，合成指数时要采取相减的形式，这势必使选择指数小于100（$I=a_1P_1+a_2P_2-a_3P_3=16\times2.5+1.2\times25-10\times3=40$），为使指数达到100，必须再加上一个基数，本例中则需加上60。这样就构成实际的选择指数公式：

$$I=60+16P_1+1.2P_2-10P_3$$

家系选择

家系选择是以整个家系（包括全同胞家系和半同胞家系）作为一个选择单位，只根据家系某种生产性能的平均值来进行选择。在这种选择方法中，个体生产水平的高低除参与家系生产性能平均的计算，不起其他作用。家兔是繁殖力较高的动物，采用全同胞家系选择方法更为适合。对于遗传力较低的性状，如繁殖力等采用家系选择方法效果较为明显。具体选择时应在高产兔群中选择高产个体作种兔。

系谱鉴定

系谱是一种记载种兔情况的表格。作为种兔，不仅要看个体本身性状是否优良，更重要的是看是否有优良的遗传基础，这就是根据祖先、同胞和后裔的品质来估测。根据祖先品质估测，就称为系谱鉴定。

根据遗传规律，以父母代对子代的影响最大，其次是祖代，再次是曾祖代。祖先越远，对后代的影响越小，通常只要检查2~3代的情况就可以了。如果祖先在所要鉴定的性能方面表现都好，后备兔本身性能也好，即可初步选留下来。

目前，常用的系谱为横式系谱，其格式见图5-3。

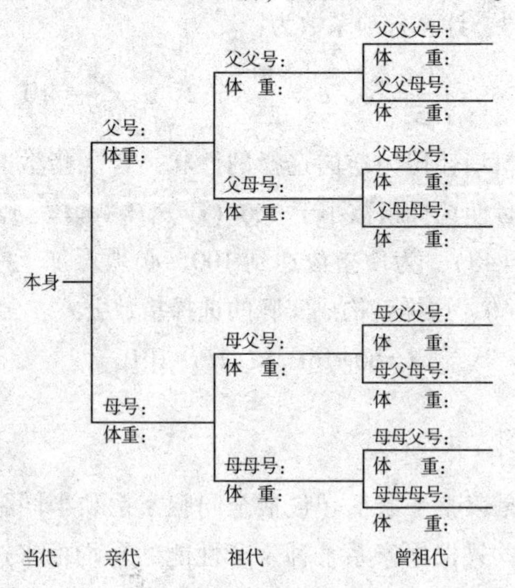

图5-3 横式系谱格式

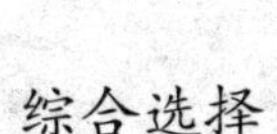

综合选择

仅依据以上方法选择种兔是不够的，在育种实践中只有将几种选择方法结合起来，才能对种兔作出可靠的评价。

对于一只种兔来说，要综合以上几方面选择并分阶段进行：

第一次鉴定：在仔兔断奶时进行。此时外形尚未固定，本身除断奶体重，没有其他供选择的依据。因此，重点根据系谱（祖先）情况，并结合本身断奶体重以及同窝同胞仔兔在生长发育上的均匀度进行选择。

第二次鉴定：鉴定肉兔断奶至 3 月龄的日增重和 3 月龄体重；毛兔到 5 月龄时，开始第 2 次剪毛，此时可结合产毛性能进行鉴定；皮兔 4~5 月龄则着重被毛品质、颜色进行选择。同时，3 月龄以后的兔子还要根据体尺大小来评定生长发育情况。

第三次鉴定：毛兔在 8 月龄左右第 3 次剪毛，进一步进行产毛性能鉴定；皮兔至 6~7 月龄，经历两次年龄性换毛，除注意毛皮品质，还要观察其繁殖性能和生长发育情况；肉兔至 6 月龄以后也已陆续繁殖，此时重点观察其生长速度、饲料利用情况和繁殖性能。

第四次鉴定：至 1 周岁以后，对各种用途的种兔（毛、皮、肉）都根据第二胎的繁殖情况进行繁殖性能鉴定。

第五次鉴定：在种兔后代已有生产记录的情况下进行，对后代的各方面性能进行评定，进一步证明各家系种兔的优劣情况。

在上述各阶段中，凡不符合种用要求者，均应在各次鉴定中淘汰并转入生产群。

家兔的选配

选种与选配是家兔繁育中不可分割的两个方面，选配是选种的继续，育种的重要手段之一。在养兔生产中，优良的种兔并不一定产生优良的后代。因为后代的优劣不仅决定于其双亲本身的品质，而且还决定于它们的配对是否合宜。因此，欲获得理想的后代，除必须做好选种工作，还必须做好选配工作。选配可分为表型选配、亲缘选配和年龄选配。

表型选配

表型选配又称为品质选配，是根据外表性状或品质选择与配公母兔的一种方法。它又可以分为同型选配和异型选配两种。

同型选配：同型选配就是选择性状相同、性能表现一致的公母兔配种，以期获得相似的优秀后代。选配双方愈相似，愈有可能将共同的优秀品质传给后代。其目的在于使这些优良性状在后代中得到保持和巩固，也有可能把个体品质转化为群体的品质，使优秀个体数量增加。这种选配方法适用于优秀公母兔之间，或者在兔群中已有了合乎理想型种兔时使用。

异型选配：异型选配可分为两种情况，一种是选择有不同优异性状的公母兔交配，以期将两个性状结合在一起，从而获得兼有双亲不同优点的后代。

另一种情况是选择同一性状优劣程度不同的公母兔交配，即所谓以优改劣，以优良性状纠正不良性状。这是一种可以用来改良许多性状的行之有效的选配方法。

亲缘选配

亲缘选配，就是考虑到公母兔之间是否有血缘关系的一种选配方式，如果交配的公母双方有亲缘关系（在畜牧学上规定7代以内有血缘关系）称其为亲交，没有血缘关系的称其为非亲交，家兔近亲交配往往带来不良的后果。但也有报道认为，近交可使毛兔产毛量提高，皮肉兔皮板面积增大。由此可见，近交有有利的一面，也有不利的一面。在生产实践中，商品兔场和繁殖场不宜采用近交方法，尤其养兔专业户更不宜采用。即使在家兔育种中采用也应加强选择，及时淘汰因近亲交配而产生的不良个体，防止近亲衰退。

年龄选配

年龄选配，就是根据公母兔之间的年龄进行选配的一种方法。家兔的年龄明显地影响其繁殖性能。一般来说，青年种兔的繁殖能力较差，随着年龄的增长繁殖性能逐渐提高，1~2岁繁殖性能逐渐达到高峰，2.5岁以后逐渐下降。在我国饲养管理条件下，种兔一般使用3~4年。所以在养兔生产实践中，通常主张壮年公兔配壮年母兔，采用这种选配方式效果较好。

第三节 运用正确的繁育方法提高家兔育种质量

本品种选育

本品种选育是指在本品种内部通过选种选配、品系繁育和改善培育条件等措施，来提高品种性能的一种方法。其主要任务是保持和发展一个品种的优良特性，增加品种内优良个体的比重，并克服品种的某些缺点，从而达到保持品种的纯度和提高品种质量的目的。但从广义上讲，本品种选育不仅包括育成的优良品种纯繁，还包括某些地方品种的改良与提高，后者并不强调保纯，即在采取选育措施时，不排斥某种程度的小规模杂交。

这种繁育方法，主要用于地方良种的选育、引进品种优良性状的保持与提高和新品种的育成上。通常，对具有高度生产性能并基本上能满足社会经济水平要求的家兔品种，都采用这种繁育方法。在国内比较成功的例子有：江苏省农业科学院、扬州大学等单位对德系安哥拉兔的选育；四川省农业科学院畜牧兽医研究所等单位对中国白兔的选育等。其方法大多采用严格选种选配和加强饲养管理，及时淘汰不良个体。例如，德系安哥拉兔具有产毛量高、兔毛品质好等特点，但该兔生活力和抗病力较弱，对饲养管理条件要求较高。自1980年至1985年，江苏省农业科学院对德系安哥拉兔进行了5年的选育，使其适应性和产毛量明显提高，外貌趋于一致，并使遗传性能逐步稳定。

杂交改良

不同品种或品系的公母兔之间交配称为杂交，其所生后代叫杂种；用杂交来提高兔群品质的方法，叫作杂交改良。不同家兔品种各有其特点，利用杂交繁育有可能将各品种的优良性状汇集在一起。当今世界上许多优良品种，大多采用杂交改良的方法培育成功。在家兔商品生产中，也广泛采用品种间杂交，而获得生产性能高的杂种兔群，使养兔生产获得较高的经济效益。

经济杂交

经济杂交又称为生产性杂交，是利用两个或两个以上的品种或品系杂交，每个品种或品系只杂交一次，所获得的杂种一代兔往往用于生产而不作种用。

杂种优势的概念

经济杂交是提高商品兔生产性能的一种重要手段。有人认为，杂种兔的生产性能只要比它的某一个亲本品种高就称为杂种优势，这是不对的。杂种是否有优势，是以杂种的生产性能是否高于双亲品种的平均值来衡量的。杂种优势通常以杂种优势率来表示，它的计算公式是：

$$H=\frac{\bar{F}_1-\bar{P}}{\bar{P}}\times100\%$$

式中：H 为杂种优势率；$\bar{F}_1$ 为杂种一代生产性能的平均值；$\bar{P}$ 为两个亲本在某生产性能上的平均值。也有人认为，杂交后代都具有杂种优势，这也是一种误解。事实证明，并不是所有杂交后代都能产生杂种优势，有的杂种一代的性能甚至比任何一方亲本品种都差。江苏省农业科学院曾发表过关于肉用兔杂交试验的结果，8 个杂交组合中只有 2 个组合具有杂种优势，其余均未出现杂种优势，有 3 个组合 45~120 日龄净增重甚至低于两个亲本品种的任何一方。

杂种优势不仅因杂交组合而有差异，就是在同一杂交组合中，因正、反交不同也会有不同的效果。由此可见，并不是任何品种之间相杂交都能得到好的杂交效果，要想知道哪两个品种杂交效果较好，只有事先进行杂交组合试验或正、反交试验来确定，目前尚无其他好办法。

杂交方法

两品种杂交

这种杂交方式在生产中应用较为广泛。在具体应用时又有两种方式，其一是采用两个优良品种作为杂交的亲本品种。例如，新西兰白兔和加利福尼亚兔杂交后，其杂种的生产性能和繁殖性能都高于双亲的平均值。

另一种方式是采用我国地方种和外来良种杂交。德系安哥拉兔产毛量高，兔毛品质好；中系安哥拉兔产毛性能远不如德系兔。江苏省农业科学院用德系兔与中系兔杂交，一次剪毛量优势率为 5.5%。

多品种杂交

三个或三个以上品种间杂交生产商品兔，这种方法称为多品种杂交。用这种杂交方法所产生的后代，兼备几个品种的特点，其杂种优势也往往高于两品种杂交后代。多品种杂交由于品种太多，组织工作比较复杂，所以多采用三品种杂交。其杂交方式见图 5-4。

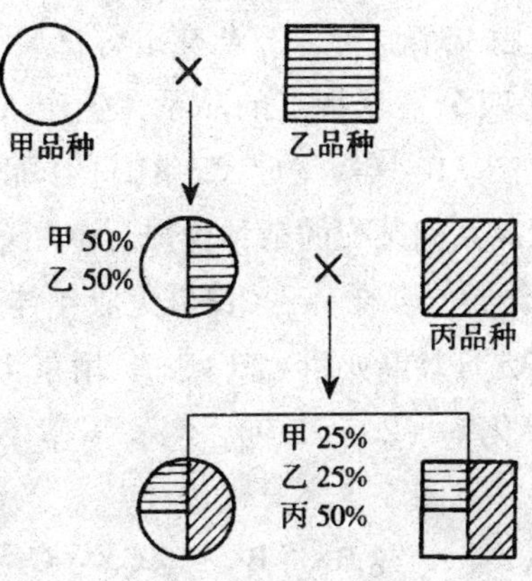

图 5-4 三品种杂交示意图

在家兔育种工作中，要想把许多优良性状集中于一个品种而培育成功所谓全能品种往往是不现实的。

近年来，养兔业发达的国家纷纷选育有数个突出经济性状，而其他性状保持一般水平的专门化品系和配套系，通过杂交生产商品兔取得明显效果。

（1）法国利用专门化品系间杂交生产商品兔。法国成立专门组织，即父系育种协会和母系育种协会，培育供杂交用的父系和母系。父系兔着重选择增重速度、饲料转化率、屠宰率、胴体品质、性欲和精液品质；母系则重点选择产崽数、泌乳性能和妊娠次数等。

（2）德国齐卡肉兔配套系。德国肉兔育种中心——齐卡家兔育种公司选育的齐卡肉兔配套系，由三个白色品种系组成。配套生产的杂交兔，生产成绩居世界先进水平，具有生长快、产肉多、饲料报酬高、生命力强等优点。

（3）法国伊拉（Hyla）肉兔配套系。山东省安丘市绿洲兔业公司于2000年5月从法国欧洲兔业公司引进曾祖代伊拉肉兔配套系，并买断了该配套系全部技术。

伊拉配套系是由9个原种，经杂交组合试验和配合力测定，培育成A、B、C、D四个各具特点的品系，生产A、B、C、D祖代，A×B、C×D配套生产AB、CD父母代，AB×CD配套生产ABCD商品代。由于充分利用品系间杂交的杂种优势，该配套系生产性能优异，伊拉AB公兔成年体重5.4千克，CD母兔成年体重4.0千克，窝产崽数8.9只，32~35日龄断奶重820克，日增重43克，70日龄体重2.47千克，饲料转化率（2.7~2.9）：1，屠宰率58%~59%。伊拉肉兔配套系杂交方式见图5-5。

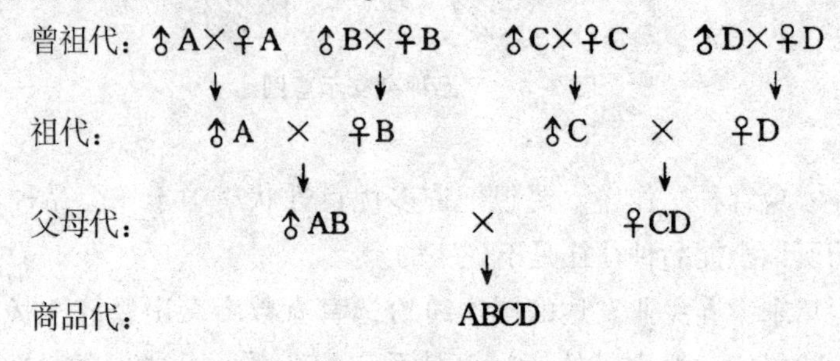

图5-5 伊拉肉兔配套系杂交方式

引入杂交

引入杂交又称导入杂交。当某个品种的品质基本符合生产要求，但还存在某些不足之处时，即可采用引入杂交方法来改良。具体做法是，选择适宜的良种公兔与被改良的本地品种母兔杂交一次，以后各代杂种与本地品种回交，当回交到第二代时（含外来品种血缘12.5%），在其后代中即可选择优秀个体进行自群繁育，固定性状见图5-6。

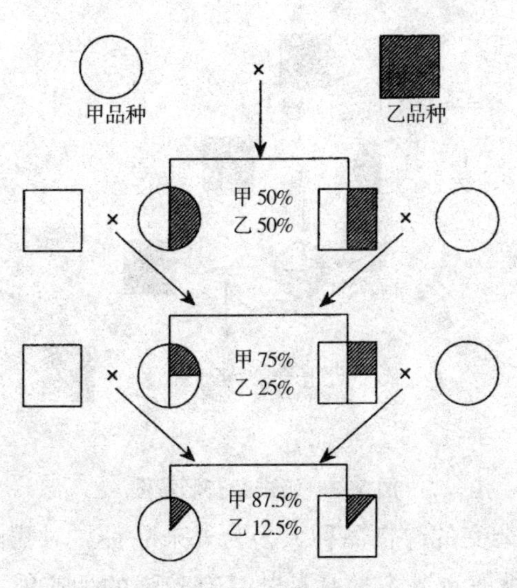

图 5-6 引入杂交示意图

在长毛兔中，全耳毛兔体形偏小，导致产毛量较低，为了拉大其体形，从而提高产毛量，20 世纪 70 年代初期江浙一带曾用日本大耳兔进行引入杂交，再用全耳毛兔回交 2~3 代以后，选择优良公母兔自交固定。杂种兔体形明显拉大，体重由 2.5 千克左右提高到 3.5~4 千克；年产毛量由原来的 200 多克增加到 500 克以上。

级进杂交

级进杂交又称改造杂交。当某一个品种生产性能不能满足人们要求需要彻底改良时，即可采用级进杂交。具体做法是，用改良品种的公兔与被改良的低产品种母兔杂交，杂交一次后，其各代杂种反复与该优良品种回交。随着杂交代数的增加，外血比重也越来越高，当达到理想要求时停止杂交，进行自群繁殖。这种杂交方式恰好与引入杂交相反（图 5-7）。

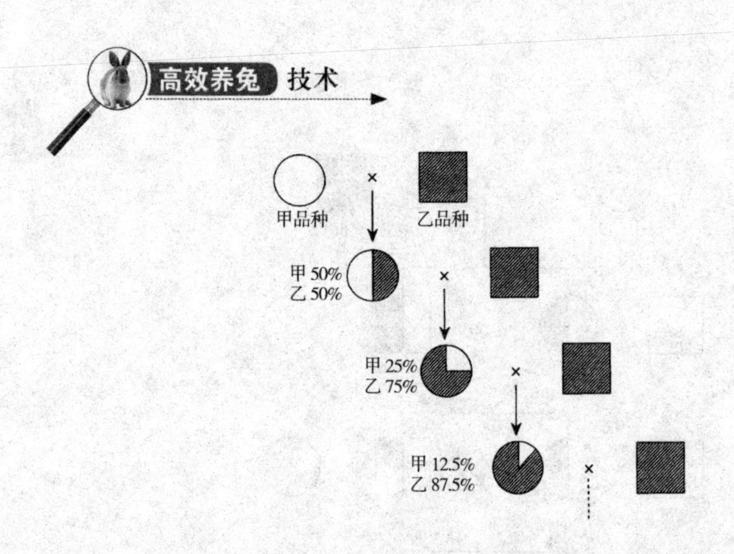

图 5-7　级进杂交示意图

用于级进杂交的改良品种大多为外来品种，对我国自然条件适应能力较差，被改良的本地品种却具有较强的适应能力。因此，在杂交时不应盲目地追求杂交代数，否则将可能因适应能力差而使品质下降。江苏省张家港市多种经营管理局曾用全耳毛兔与德系安哥拉兔进行级进杂交试验，据观察，级进代数以外血占 75% 的级进二代兔产毛量较高。

育成杂交

育成杂交是一种培育新品种的杂交方法，其形式可分为两类，一类是两品种参加杂交的，称简单育成杂交；另一类是三个或三个以上品种参加杂交，称复杂育成杂交。育成杂交大致可分为三个阶段，即杂交试验阶段、自群繁殖阶段和建立品系繁育推广阶段。

现以哈尔滨大白兔培育过程为例，介绍复杂育成杂交方法的应用情况。1976 年哈尔滨兽医研究所开始了哈尔滨大白兔肉兔新品种的培育工作，至 1986 年共用 10 年时间新品种基本育成。

哈尔滨大白兔的育成，是采用多品种复杂育成杂交，然后从杂交群中选择白兔自交再横交固定而成，其具体过程如下：

最佳杂交组合的筛选：开始时，杂交父本品种有比利时兔（比）、花巨兔（花）、加利福尼亚兔（加）和荷系青紫蓝兔（青）；母本品种有哈尔滨本地白兔（本）和上海大耳白兔（上）。共6个杂交亲本品种组成8个杂交组合，即比×本、加×本、花×本、青×本和比×上、花×上、加×上、青×上。根据育种指标进行综合评定分析，选出了最佳杂交组合比×上和比×本。

复杂育成杂交过程：以哈尔滨本地白兔和上海大耳白兔为母本，先与比利时兔杂交，其后又与德国花巨兔复杂育成杂交，再横交固定。

据报道，哈尔滨大白兔的各项性能指标已达到优良肉兔品种水平。生产性能：遗传性稳定；体形外貌整齐，毛色纯白；生长发育快，平均日增重33.2克，70日龄体重2.49千克，成年体重5.5~6千克以上；繁殖力强，窝产崽数8.83只，饲料报酬高，料肉比为3.35：1，90日龄屠宰率（半净膛）57.6%。另外，还具有适应性强、皮张质量好等优点。

第四节 家兔育种日常工作

编耳号

为了给育种、繁殖和日常管理工作带来方便，通常要给家兔编耳号。编耳号方法有两种，即墨刺法和耳标法，但后者较少使用。

编号时间，一般在断奶时进行。公兔编单号，母兔编双号。现简要介绍墨刺法编号方法。

用一特制的耳号钳，配有10枚可以拆换的刺号（0~9），根据需要排成所要编的号码（图5-8）。编号时可编顺序号，亦可将出生年、月、日和兔号都编在耳朵上。右耳编上年、月，左耳编上出生日、兔号。打号前，先以碘酊消毒，号码要求穿透皮肉，每打好一只耳号，立即用醋墨或墨汁涂擦，数日后抹去浮墨即可清晰地看出蓝黑色号码，终生不褪。

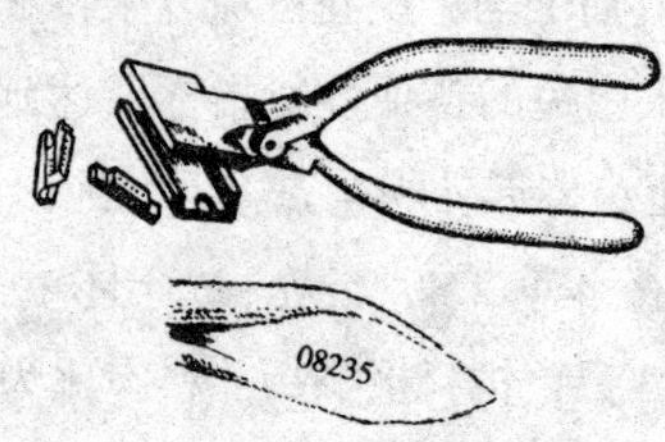

图5-8　耳号钳与耳上编号

建立种兔档案制度

建立种兔档案制度，是搞好良种繁殖和饲养管理工作不可缺少的科学依据。种兔档案资料主要由日常的记载来提供。现介绍几种常用的记录表格以供参考（表5-2至表5-7）。

表5-2　种公兔配种记录

品　种	耳　号	与配母兔		配种日期		
		品种	耳号	第1次	第2次	

表5-3 种公兔卡

编号

品 种	耳 号	出生日期	初生重	断奶重	乳头重	毛 色	来 源

（一）系谱

（二）生长发育记录

类别	3 周龄	4 周龄	6 周龄	3 周龄	4 周龄	5 周龄	6 周龄
体重							
体长							
胸围							
类别	7 周龄	8 周龄	10 周龄	1 岁	1.5 岁	2 岁	3 岁
体重							
体长							
胸围							

（三）剪毛记录[2]

月 龄								
重 量								

(四)繁殖记录

配种时间	与配母兔		产仔日期	产仔只数			断奶		留种子女耳号	备注
	品种	耳号		活	死	畸形	存活	窝重(千克)		

注:①如查是肉、皮用兔,可删出剪毛记录一栏;②每次剪毛后应称体重,以便计算产毛率。

表5-4 种母兔卡

编号

品 种	耳 号	出生日期	初生重	断奶重	乳头重	毛 色	来 源

（一）系谱

（二）生长发育记录

类别	3 周龄	4 周龄	6 周龄	3 周龄	4 周龄	5 周龄	6 周龄
体重							
体长							
胸围							
类别	7 周龄	8 周龄	10 周龄	1 岁	1.5 岁	2 岁	3 岁
体重							
体长							
胸围							

（三）剪毛记录②

月 龄								
重 量								

（四）产仔哺育记录

年份	胎次	与配公兔		分娩日期	产仔只数			初生窝重（千克）	母兔哺育只数	3周龄		断　奶		留种子女耳号
		品种	耳号		活仔	死仔	畸形			存活	窝重（千克）	存活	窝重（千克）	
备注														

注：①如查是肉、皮用兔，可删去剪毛记录一栏；②每次剪毛适应称体重，以便计算毛率。

表5-5　毛兔产毛量记录

品种	耳号	性别	第一次剪毛			第二次剪毛			第三次剪毛			第四次剪毛			全年剪毛量	平均体重
			日期	剪毛量	体重	日期	剪毛量	体重	日期	剪毛量	体重	日期	剪毛量	体重		

表5-6 仔兔养育记录

耳 号		序号	仔兔耳号	性别	毛色	初生重（克）	3周龄体重（克）	断奶体重（克）	留种及推广情况	备注
品 种		1								
胎 次		1								
与配公兔		3								
		4								
配种日期		5								
分娩日期		6								
产仔数	活仔	7								
	死仔	8								
	畸形	9								
	公仔	10								
	母仔	11								
哺育他兔数		总 重								
断奶日期										
断奶只数										
成活率（%）		平均重								

表5-7 后备生长兔发育记录

品种	耳号	性别	父		母		出生日期	断奶日期	断奶重	3月龄重	5月龄					成年体重
			品种	耳号	品种	耳号					体重	体长	胸围	年龄	体重	

体尺测量与称重

体尺和体重是衡量种兔生长发育的重要指标，在种兔不同生长发育阶段均需进行体尺测量和称重。

体尺测量

体尺测量是指青年兔在育成期末所进行的体长和胸围测量，均以厘米为单位。长毛兔应在剪毛后进行。

体长：从鼻端至坐骨端的直线距离，用直尺测量（图 5-9）。

胸围：量肩胛骨后缘胸廓一周的长度，用皮尺度量（图 5-10）。

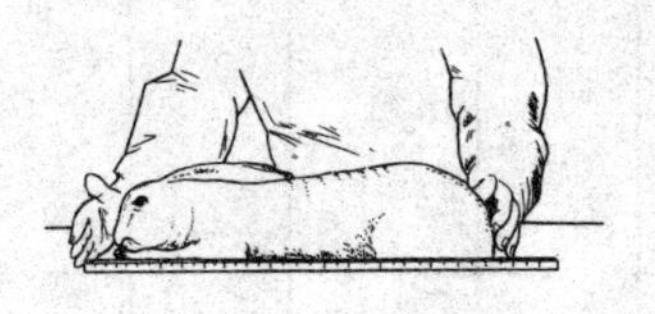

图 5-9　体长测量

图 5-10　胸围测量

称重

初生窝重：产后 12 小时称测产活仔兔的全窝重量。

称测 3 周龄窝重或个体重。

称测 4 周龄或 6 周龄断奶窝重和断奶个体重。

幼兔（断奶至 3 月龄）、青年兔（断奶至初配）均在各自期末称重一次。

满 1 年后每年称重一次。

称重一律在早晨喂食前进行，均以克为单位。

第六章
家兔常见疾病的预防与控制

第一节 做好家兔健康检查与卫生防疫工作

在家兔的日常饲养管理中或引进种兔时，常常要注意到家兔的健康情况。想要知道家兔是否健康，以及如何维护家兔的健康，必须了解和做好以下几方面的工作。

家兔的健康检查

家兔正常生理指标

健康的家兔在静止状态时，体温、呼吸和脉搏都有一定的范围，若超出这个范围则是发生疾病的征兆。

体温：家兔被毛浓密，汗腺又不发达，因此，家兔是一种不耐炎热的小动物。一般来说，幼兔的体温在环境温度下降时会随之下降，而环境温度升高时体温可维持正常；成年兔正相反，较能耐寒而不耐炎热。成年兔正常体温为38.3~39.5℃，仔兔可达40℃。

呼吸：在适宜的环境温度和安静状态下，家兔的呼吸次数为每分钟32~60次，一般幼兔呼吸次数高于成年兔。在剧烈运动或环境温度升高时，呼吸次数显著增加。当环境温度从20℃上升至35℃

时，呼吸次数可由42次增至282次。这是家兔身体的一种保护性措施，通过增加呼吸次数提高水分的蒸发能力，从而达到散发体内热量以维持正常体温的目的。

脉搏：在安静状态下，家兔的脉搏次数为每分钟80~140次，幼兔的脉搏次数常比成年兔高。在遭受突然惊吓或剧烈运动时，脉搏次数将急剧上升。

家兔精神状态

健康的家兔精神饱满，动作敏捷，两耳转动自如；被毛浓密、柔软而富有光泽；两眼圆而明亮，眼角无眼眵等分泌物；鼻端清洁干燥，无鼻液分泌出来；肌肉丰满、结实；肛门周围清洁干燥，粪粒稍大于豌豆，呈扁椭圆形，表面光滑。

如发现家兔精神萎靡，被毛蓬松、粗乱而无光泽；食欲缺乏，消瘦；伏卧不动，行走踉跄，垂耳（垂耳品种除外）头斜；两眼无神，流泪有眼眵；呼吸急促，鼻端沾污；粪便稀薄，臀部沾污，或者粪便呈硬粒状、便秘；体温升高，呼吸急促等现象，说明这样的兔子不健康或已患病。

病态分析

被毛蓬松、稀疏、脱落，尤其在背部和颈部的被毛呈斑块状脱落，脱落部位的皮肤上有丘疹和大小不一的结痂，这是皮肤霉菌病的症状。如果两耳、嘴鼻端、脚爪等部位被毛脱落，皮肤上有鳞片糠麸样物，这是疥癣病的症状。

外生殖器周围的黏膜或皮肤上有结节、溃疡和结痂是梅毒病的症状，亦可能是葡萄球虫病。

眼结膜发黄，身体呈进行性消瘦，说明肝脏病态，有肝片吸虫病或肝球虫病的可能；眼结膜苍白，机体消瘦，可能是伪结核病或结核病；眼结膜潮红，有脓性分泌物，可能是结膜炎或巴氏杆菌病。

鼻腔有黏液脓性分泌物，呼吸困难，鼻腔周围有污物，可能是慢性巴氏杆菌病。

肛门周围及尾巴粘有稀粪，粪不成形，稀薄，恶臭，可能是球虫病、梭菌性肠炎或复合性肠炎。

神经状况，兔不断做圈状运动，头颈偏向一侧，可能是李氏杆菌病。如果仅仅头颈偏向一侧，或者有一侧耳朵下塌，可能是巴氏杆菌病。

肥瘦的程度能反映出家兔健康与否，兔的脊骨呈粒粒凸出，似算盘珠状，说明有慢性消耗性疾病存在，或是营养不良。

卫生防疫措施

提高家兔对疾病的抵抗能力

传染病是由细菌、病毒等病原微生物引起的，寄生虫病是由寄生虫病原引起的。这些病原微生物和寄生虫在进入家兔体内以后，是否发生疾病，要看家兔对疾病的抵抗能力，有的发病甚至死亡，但有的就不一定发病。家兔对疾病的这种抵抗力，可以通过加强饲养管理、搞好清洁卫生和预防接种来提高。

科学饲养：家兔是食草小动物，它的饲料应以青粗饲料为主，适当搭配精料，但要注意到营养全面，比例适当，不要喂霉烂变质和带泥水的饲草。枯草期向青草期过渡的时候，不要让家兔一次采食过多的豆科青草，以免引起腹胀或消化不良。饮水要清洁，没有自来水的地方最好用井水。在采用限制饲喂制度时，要定时定量，使家兔养成良好的采食习惯。

加强管理：家兔对环境温度、湿度、空气流通等变化敏感，这种变化超过一定的范围将导致家兔患病。在冬天要注意保暖，特别是幼兔更应如此。冬天门窗紧闭，环境中有害气体浓度较大，在晴天暖和时应及时打开门窗，使空气流通。夏季天气炎热的地区要做好防暑降温工作。梅雨季节是幼兔容易发病的季节，除事先做好药物预防，还应注意饲料、饮水和环境卫生。

兔舍、笼具要及时打扫、清洗，定期消毒。清出的粪便及污物要在粪坑上加盖发酵，经过1个月左右才能作为肥料使用，防止传播疫病。

不让狗、猫进入兔舍，在兔场内要注意灭鼠。

坚持消毒制度，按时接种疫苗

疫病传染的途径很多，但主要通过消化道和呼吸道传播，“病从口入”是很有道理的。病兔的鼻涕、唾液以及呼出的气体使病原微生物散布于空气中，健康兔吸入就有患病的可能。另外，还有些传染病和寄生虫病是通过被污染的饮水、饲料和用具经口感染。还有些病原长期存在于自然界中，能通过皮肤或黏膜的损伤或伤口而感染疾病；有的则通过吸血昆虫叮咬感染疾病。再则，病兔和健康兔交配而使某些疾病传播开来。

病兔排出的病原体污染了外界环境中各种物体，这就成了传染的媒介，如果易感染的兔接触了这些传染媒介，病原体通过一定的传染途径侵入兔体，就可以感染得病。受感染的病兔又成为新的传染源，再污染周围各种物体，这样连续不断地传播下去就形成了流行的疾病。传染源、传染途径和易感兔三个环节相互联系，就构成了流行过程。要扑灭传染病和寄生虫病，必须采取综合性的防治措施，消灭和切断造成流行的三个环节的相互联系，从而使疫病得到控制不再扩散。

控制疫病不仅要有科学的饲养管理，清洁卫生的笼舍，同时要有严格的消毒制度，按时注射疫苗，采取综合防治措施。

严格执行兔场消毒制度：为了杜绝传染来源，在兔场、兔舍的入口处要设置消毒池，以便让进入的人员和车辆消毒。兔舍饲养人员和用具要固定，不要串换或串用，要注意个人卫生和用具的定期消毒。不要让场外人员擅自进入兔舍，即使经消毒允许进入兔舍也不能任其抓兔。及时发现病兔，病兔隔离后，对原兔笼应进行严格的消毒。兔场平时要保持清洁、干燥，定期撒些生石灰，既可消毒又可吸湿。兔笼底板定期更换、洗刷、消毒或晒太阳，还可用喷灯火焰消毒。

预防接种：兔病毒性出血症（兔瘟）、兔巴氏杆菌病、兔A型魏氏梭菌病等传染病，目前已有疫苗可以预防，要对兔群定期接种疫苗。从预防效果看，以免瘟疫苗预防效果更为可靠。预防上述三种疾病的疫苗，目前已问世的有三联苗、二联苗，据实际使用情况看，其除对兔瘟预防效果明显，对其他两种疾病预防效果并不确实。

及时发现疫病，采取有效措施

兔场一旦发生传染病流行，必须采取有效措施，及早诊断及扑灭。

及时隔离：兔场发现传染病以后，应尽快将病兔隔离出来，由专人观察和治疗，由专人饲养，饲料、饮水和用具等要独发专用，粪便要单独处理，隔离室更要有严密的消毒制度。

尽快诊断，上报疫情：当兔场流行疫病时，要尽快诊断，并提出扑灭的措施。如一时不能确诊，应把病兔和刚死的兔子放在严密的容器内，立即送往有关单位进行诊断和检查，得到确诊后再采取有效治疗措施。同时，要将发生的疫情及防治情况向上一级部门报告，以取得他们的重视和支持。还要通知附近的兔场或养兔专业户，要他们采取相应的措施，以免使疫情扩大。另外，发病的兔场应停止出售种兔或外调商品兔。

严格消毒：病兔隔离后，对病兔舍、用具等进行一次彻底消毒，防止病原体继续扩散传播疾病。

病料处理：要坚决淘汰重病兔，淘汰兔及病死兔的尸体、粪便和垫草，要集中到指定地点烧毁或深埋。

病兔治疗：对可挽救的病兔进行治疗，这不仅可以减少损失，还可以进一步消除传染源。

第二节 家兔的常用药物和投药方法

家兔的常用药物

家兔的常用药物主要有抗生素、磺胺药、抗菌增效剂、呋喃类药、消毒防腐药、抗寄生虫药等，现按各类药物的名称、规格、剂量、用法、作用和用途分别列表介绍（表 6-1 至表 6-5）。

表6-1 抗生素和其他抗生药物

药物名称	规格	剂量与用法	作用与用途	备注
青霉素甲盐	粉剂 20万单位 40万单位	每千克体重2万～4万单位，用注射用水或生理盐水溶液，肌注，每天2～3次	主要对多种革兰阳性细菌和革兰阴性细菌有抑杀作用，对革兰阴性杆菌作用微弱，对结核杆菌和病毒无效。主要用于兔葡萄球菌病、李氏杆菌病、呼吸道感染、子宫炎、乳房炎、蜂窝织炎、眼部炎症等，对兔螺旋体病也有一定疗效	注意事项：①对急性感染疾病宜选用青霉素钾盐；②必须现配现用；③不可加热助溶；④不能与酸、碱性药物混用
普鲁卡因青霉素G混悬剂	粉剂 40万单位 80万单位	每千克体重2万～4万单位，用注射用水混悬后肌注，每天1～2次		
硫酸链霉素	粉剂0.5克	每千克体重20毫克，肌注每天2次	主要对革兰阴性杆菌和结核杆菌有作用，用于治疗出血性败血病、传染性鼻炎、肠道感染等	
	粉剂1克	每只0.1～0.5克，内服		
金霉素	粉剂0.25克	每千克体重每日40毫克；用5%葡萄糖液溶解，静注		
	片剂0.25克	每只100～200毫克，内服		
	眼膏	眼部涂敷		

（续）

药物名称	规格	剂量与用法	作用与用途	备注
新胂凡纳明（九一四）	注射剂 0.15克 0.3克 0.45克 0.6克	每千克体重40～60毫克。用注射用水或5%葡萄糖溶液配成5%溶液，耳静注；必要时隔2周以同剂量重复注射1次	为有机砷制剂。主要用于治疗兔螺旋体病（兔梅毒），如同时配合应用青霉素G，则效果更好	性质很不稳定，应分装在充有氮气的安瓿里。发现中毒症状，应注射二巯基丙醇或硫代硫酸钠解救

表6-2 磺胺药

药品名称	规格	剂量	用法	作用与用途	备注
磺胺嘧啶（SD）	片剂 0.5克	首次量每千克体重0.2～0.3克；维持量每千克体重0.1～0.15克	内服或拌料，每12小时服1次	对大多数革兰阳性细菌、阴性细菌有抑制作用。高度敏感的有链球菌、沙门菌等；次敏感的有葡萄球菌、大肠杆菌、李氏杆菌等；另外，对少数真菌、某些病毒也有作用。 主要治疗兔的巴氏杆菌病、呼吸道感染、葡萄球菌病、兔副伤寒、急性胃肠炎等	使用原则：①只有抑菌作用，在治疗期间须加强饲养管理；②为维持有效的抑菌浓度，首次剂量相当于维持量的1倍，以后隔一定时间给予一半量，维持2～3天；③对急性或严重感染的病兔，应选用磺胺药钠盐，宜深层肌注或缓慢静注，忌与酸性药物相配伍；④用药后给予充足饮水或必要时灌水；⑤用药期间避免用含对氨苯甲酸基的药物；⑥全身性酸中毒、肝脏病、肾功能减退等病应慎用或禁用
	钠盐针剂5毫升：1克	首次量每千克体重0.2～0.3克；维持量每千克体重0.1～0.15克	静注或肌注		

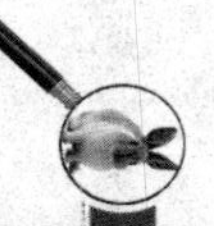

（续）

药品名称	规　格	剂　量	用　法	作用与用途	备　注
磺胺二甲基嘧啶（SM_2）	片剂1克 0.5克	首次量每千克体重0.2～0.3克，维持量每千克体重0.1～0.15克	内服或拌料（0.4%～0.5%），每12～24小时1次	对大多数革兰阳性细菌、阴性细菌有抑制作用；高度敏感的有链球菌、沙门菌等；次敏感的有葡萄球菌、大肠杆菌、李氏杆菌等。另外，对少数真菌、某些病毒也有作用。 主要治疗兔的巴氏杆菌病、呼吸道感染、葡萄球菌病、兔副伤寒、急性胃肠炎等	使用原则：①只有抑菌作用，在治疗期间须加强饲养管理；②为维持有效的抑菌浓度，首次剂量相当于维持量的1倍，以后隔一定时间给予一半量，维持2～3天；③对急性或严重感染的病兔，应选用磺胺药钠盐，宜深层肌注或缓慢静注，忌与酸性药物相配伍；④用药后给予充足饮水或必要时灌水；⑤用药期间避免用含对氨苯甲酸基的药物；⑥全身性酸中毒、肝脏病、肾功能减退等病应慎用或禁用
	钠盐针剂10克（10%100毫升）5毫克（10%50毫升）	每千克体重0.07克	每12小时1次		
磺胺甲基异噁唑（SMZ）	片剂0.5克	首次量每千克体重0.1克，维持量每千克体重0.07克	内服12小时1次		
磺胺甲氧嗪（SMP）	片剂0.5克	首次量每千克体重0.1克，维持量每千克体重0.07克	内服或拌料		
磺胺-5-甲氧嘧啶（SMD）	片剂0.5克	首次量每千克体重0.1克，维持量每千克体重0.07克	内服24小时1次		
磺胺二甲氧嘧啶（SDM）	片剂0.5克	首次量每千克体重0.1克，维持量每千克体重0.07克	内服24小时1次		

表6-3 抗菌增效药

药品名称	规格	剂量	用法	作用与用途	备注
甲氧苄氨嘧啶（TMP）	片剂 0.1 克	每千克体重 10 毫克	内服，每 12 小时 1 次	抗菌增效剂是一类新型广谱抗生药物，与磺胺药并用，能显著增加疗效；近年来发现，能大大增加某些抗生素的疗效，故称抗菌增效剂	
复方新诺明（SM_2－TMP）	片剂 $SM_2$0.4 克 TMP0.08 克	每千克体重 20～25 毫克（总量）	内服，每 12 小时 1 次		
复方嘧啶（SMD－TMP）	片剂 SMD0.2 克 TMP0.05 克	每千克体重 20～25 毫克（总量）	内服每日 1 次		
增效磺胺嘧啶钠（SD－TMP）	针剂 SD1.0 克 TMP0.2 克 10 毫升	每千克体重 20～25 毫克（总量）	静注或肌注，每 12～24 小时 1 次		
增效磺胺-5-甲氧嘧啶（SMD－TMP）	针剂 SMD1.0 克 TMP0.2 克 10 毫升				
增效磺胺甲氧嗪（SMD－TMP）	针剂 SMD1.0 克 TMP0.2 克 10 毫升				

表6-4　抗寄生虫药

药品名称	规　格	剂　量	用　法	作用与用途	备　注
磺胺二甲基嘧啶（SM_2）	片剂	每千克体重0.1～0.2克	内服，连服3天，停药1周，再重复1～2次	对艾美耳球虫有抑制作用。以1%浓度混于饲料中，可预防兔的肝球虫病；0.2%浓度饮水给严重感染兔艾美耳球虫的病兔饮3周，可产生自身免疫	用药宜早，感染后10天一般有效，15天后则无效；为避免毒性反应，采用间歇服药法
磺胺喹噁啉（SQ）	粉剂		内服，0.05%浓度饮水3周，可产生自身免疫；0.1%混入饲料连喂2～3天，间歇3天，随后用0.05%浓度连喂2天，间歇3天，再喂2天	抗球虫效力高于磺胺二甲基嘧啶，在同等剂量条件下，其活性为磺胺二甲基嘧啶的2～4倍，适口性也好些	

（续）

药品名称	规　格	剂　量	用　法	作用与用途	备注
氯苯胍	粉剂 片剂 10 毫克	预防量：粉剂按每千克饲料添加 150 毫克；片剂每千克体重 1～1.5 片；治疗量：按预防量加倍服用，连服 15 天停药 7 天，再服 15 天	预防可从断奶开始，到 3 月龄或梅雨季节	预防或治疗球虫病	毒性低，效果较好
敌菌净		每千克体重 30 毫克，首次用量加倍；预防量，按每千克饲料 200 毫克添加	内服	抗球虫	效果较好
精制敌百虫	粉剂	1%～2%温水溶液涂擦患部	外用	对内、外寄生虫有强大的杀灭作用，主要用于治疗兔疥癣、兔虱等	毒性较大，出现中毒症状时，即用清水洗去药物，并注射硫酸阿托品、解磷毒等进行解救

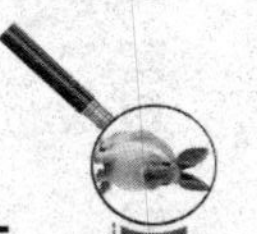

表6-5　消毒药

药品名称	规　格	剂量	用　法	作用与用途	备　注
来苏儿（煤酚皂溶液）	含 50%煤酚		喷洒、洗手	5%水溶液用于兔舍、用具和排泄物的消毒，1%～2%水溶液用于工作人员手的消毒	对人、畜身体有伤害作用，使用时要注意安全，不要直接接触人或兔的皮肤，用温水可加强杀菌力
甲醛（福尔马林）	含 40%甲醛		用其蒸气消毒，每立方米容积 20 毫升加等量水加热，密闭 10 小时	用于周围环境和密闭的房舍消毒，浓度为 5%～10%，杀菌力很强	
氢氧化钠（烧碱）	含 94%氢氧化钠		2%热液喷洒	杀菌作用很强，用于兔舍、车船的消毒	
碳酸钠	粗制品		热液喷洒、浸泡	用于兔舍、用具消毒，洗涤疥癣患部	
草木灰	水浸液		取 1.5～2 千克加沸水 10 千克浸泡 12 小时，取其过滤液，喷洒兔舍、地面	用于兔舍、地面消毒	
生石灰（氧化钙）	10%～20%石灰乳		1～2 千克加水 10 升制成石灰乳，涂刷墙壁等，现配现用	涂刷墙壁或作排泄物的消毒	现配现用，不宜久贮

（续）

药品名称	规　格	剂量	用　法	作用与用途	备　注
乙醇（酒精）	95%乙醇	稀释成70%～75%浓度	用作注射部位、器械和手的消毒	能使细菌蛋白质迅速脱水和凝固，呈现一定的抗菌作用	70%～75%浓度作用最强
碘酊	2%		外用	有很强的杀菌作用，也能杀死芽孢；用于脓肿等手术前消毒及化脓创治疗	
碘甘油	3%		外用	治疗口腔内炎症	刺激性较小
龙胆紫（甲紫）	2%		外用	对革兰阳性细菌有较强的抑制作用,用于黏膜、皮肤的溃疡、烧伤等	对组织无刺激，还能形成保护膜
高锰酸钾	结晶粉剂		外用,配成0.1%～0.5%溶液	具有抗菌、除臭作用；常用于冲洗各种黏膜腔道和创伤	
新洁尔灭（溴化苄烷铵）	5%		外用，常用0.01%～0.05%水溶液冲洗；0.1%溶液浸泡各种器具30分钟	对革兰阳性细菌、阴性细菌有杀灭作用，用于冲洗黏膜及深部感染处，手术前皮肤表面、手臂和器械的消毒	忌与肥皂或其他洗涤剂接触，避免使用铝制器皿；本品在低温时，可发生沉淀或混浊，应稍加温，摇匀，使溶液澄清后再配成所需浓度；避光保存

投药方法

药物进入机体的途径不同，作用的快慢、强弱也不同，有的甚至改变药物的基本作用。在临床实践中，应根据病情、药物性质和动物种类等选择适当的给药方法。常用的给药方法主要有以下几种：

注射给药

肌肉注射：选择家兔颈侧或大腿外侧肌肉丰满、无大血管和神经之处，经局部剪毛消毒后，左手紧按注射部位，右手持注射器，中指压住针头，针垂直刺入，深度视局部肌肉厚度而定，但针头不宜全部刺入，轻轻回抽注射栓，如无回血现象，可将药物全部注入，拔出针头再行消毒。如一次量超过10毫升，需分点注射。

皮下注射：选择腹中线两侧或腹股沟附近为注射部位，剪毛消毒，然后用左手提起皮肤，右手将针头刺入皮下约1.6厘米，放松左手将药液注入。刺入时，针头不能垂直刺入，以防刺入腹腔。

静脉注射：选择家兔耳外缘的耳静脉为注射部位，助手保护好家兔，注射部位剪毛消毒，注射药液中不能含有固体颗粒或小气泡。如血管太细不便注射，可用手指弹击耳壳数次，使血管怒张，便于注射。注射时若发现耳壳皮下隆起小泡，或感觉注射有阻力，即表示未注入血管内，应立即拔出重新注射。注射完毕拔出针头，用酒精棉球按住注射部位，以防血液流出。

内服给药

混于饲料给药法：对于适口性好、毒性较小的药物，可以拌入饲料中，让兔自行采食，此法广泛应用于群养兔的预防或治疗给药。

对毒性较大的药物，在大批给药前先做好小量试验，以保证安全。

胃管给药法：对于适口性差、毒性较大的药品，或在病兔拒食的情况下，可采用胃管给药法。具体方法是：以开口器打开口腔，使舌压低下颚，将胶管或塑料管端涂液状石蜡后经开口器中央小孔插入口腔，沿上颚后壁轻轻送入食道约20厘米以达胃部，将管的另一端浸入盛水杯中，如出现气泡说明误入气管，迅速拔出重插。如确认管在胃中，用注射器吸取药液通过胶管注入胃内，然后拔出胶管，取出开口器。

外用

主要用于体表消毒和杀灭体表寄生虫，常用洗涤与涂擦两种方式。

洗涤：用药物配制成适宜浓度的药液，清洗局部皮肤或鼻、眼、口腔及创伤等部位。

涂擦：将药物做成软膏或适宜的剂型，涂擦于皮肤或黏膜的表面，以达到药物治疗目的。

第三节 家兔常见病的防治

传染病

兔巴氏杆菌病

兔巴氏杆菌病是由多杀性巴氏杆菌所引起的各种兔病的总称。由于巴氏杆菌的毒力、感染途径以及病程长短不同，其临床症状和病理变化也不相同。在临床上主要有以下几种类型：全身败血病、传染性鼻炎、地方性流行肺炎、中耳炎、结膜炎、子宫积脓、睾丸炎和脓肿等。

流行病学和传染途径

本病多发生于春秋两季，常散发或地方性流行。发生后如不采取积极措施，严重的可造成全群覆灭。发病率一般为20%～70%。有很多家兔鼻黏膜就带有巴氏杆菌，平时并不表现出临床症状。如果外界环境突然改变，使带菌兔抵抗力下降，此病极易发作。巴氏杆菌病主要通过消化道、呼吸道或皮肤、黏膜伤口而感染。

临床症状和病理变化

如前所述，巴氏杆菌病的临床表现类型有 7~8 种之多，限于篇幅，这里只介绍常见的和危害较大的几种类型。

全身性败血症：根据病程的长短，可分为急性型（或称出血性败血症）和亚急性型两种类型。

急性型败血症：常发生于膘情良好的兔，在流行初期，患兔还未表现出明显症状就突然死亡。病兔的典型症状是，精神萎靡不振，对外界反应迟钝，呼吸急促，食欲不好甚至拒食，体温升高至 40℃ 以上，鼻腔流出浆液性、脓性分泌物，有时下痢。病程较短者 24 小时内死亡，较长者 1~3 天死亡。临死前体温下降，四肢抽搐，全身发抖，头向后仰。剖检可见鼻腔黏膜充血、出血，并有多量红色泡沫；肺严重充血、出血，常呈水肿；心内外膜有出血斑点；肝脏变性，并有许多坏死小点。肠道黏膜充血和出血。

亚急性型：主要表现为肺炎和胸膜炎症状。病兔呼吸困难、急促，鼻腔中有黏液或脓性分泌物，常打喷嚏，体温稍升高，食欲减退，有时腹泻，关节肿胀，眼结膜发炎。病程持续 1~2 周或更长，最后消瘦和衰竭而死亡。

传染性鼻炎：是兔场经常发生的一种慢性巴氏杆菌病。该病对家兔虽不产生剧烈危害，但常成为本病的传染源，使兔群陆续发病。病初表现为上呼吸道卡他性炎症，流清水鼻涕，以后转为黏性以至脓性鼻漏。病兔常打喷嚏、咳嗽。由于分泌物的刺激，病兔常以爪擦鼻，将病菌带至眼内、耳内或皮下，因而引起化脓性结膜炎、角膜炎、中耳炎、皮下脓肿、乳腺炎等并发症。病后期精神不振，营养不良，消瘦衰竭而死亡。

中耳炎（斜颈病）：在兔群中常见有斜颈（歪头）病兔，这是因为巴氏杆菌感染并扩散到内耳或脑部所致，单纯中耳炎可以不出现临床症状。兔的病情较轻时，虽采食不便，但食欲正常；病情严重时，兔向一侧滚转，直到撞到障碍物为止，病兔不能吃饱饮足，体重减轻，出现脱水现象。如果感染扩散到脑膜或脑组织，还会出现运动失调、行动踉跄和神经症状。

结膜炎：由巴氏杆菌引起的眼结膜炎是家兔常见的病患。幼兔和成兔均能发生，以幼兔发病率较高。临床症状主要表现为眼睑肿胀，有大量分泌物（从浆液性到黏液性，最后是脓性的），常使眼睑粘住，结膜发红。炎症可转为慢性，红肿消退，但流泪经久不止，有的甚至失去视力。防治方法如下：

建立健康兔群，采用细菌学检查，选留无多杀性巴氏杆菌病的种兔，这是最好的方法，而一般养兔场或养兔户不易做到。但种兔的来源上可以严格控制，可坚持自繁自养，不轻易引进种兔，非引进不可时，买来的种兔应隔离饲养 1 个月，经观察检查确认健康者方可进入种兔舍。平时要加强饲养管理，提高兔群的抗病力，及时发现、隔离和淘汰病兔，杜绝传染源。

用兔巴氏杆菌灭活菌苗预防注射。每兔肌注或皮下注射 1 毫升，7 天产生免疫力，免疫期为 4~6 个月。另外，应用喹乙醇，以每千克体重 25~50 毫克的剂量混于饲料中或口服，有一定的预防效果。

治疗可用链霉素肌肉注射，每千克体重 1 万~2 万单位，每日 2 次，连续 5 天。也可用四环素、土霉素、磺胺双甲基嘧啶、长效磺胺等。除应用抗生素，还可皮下注射抗血清，每千克体重约 6 毫升，8~10 小时后再重复注射 1 次，有较好的疗效。

大肠杆菌病（黏液性肠炎）

本病是由一定血清型致病性大肠杆菌及其毒素引起的一种暴发性、死亡率很高的仔兔肠道疾病。本病主要特征为水样或胶样粪便和严重脱水而引起死亡。

该病一年四季均可发生，各种年龄和性别的兔都易感染，主要发生于1~4月龄的幼兔，断奶前后的仔兔发病率更高，成兔较少发生。本病的发生与饲养和气温条件等环境变化有关。兔群中一旦发生本病，常因场地和兔笼的污染引起大流行，致使仔兔大批死亡。一般头胎仔兔的发病率和死亡率高于其他胎次的仔兔，这可能与母兔免疫力有一定的关系。

症状

临床症状以下痢和流涎为主要特征，有些病例未见腹泻就突然死亡。急性者，病程很短，1~2天内死亡，很少能康复。亚急性者一般经7~8天死亡。病兔体温一般低于正常，精神不好，被毛粗乱，身体消瘦，腹部膨胀，剧烈腹泻，肛门周围及后肢的被毛沾污黏液或黄棕色水样稀粪，还常常有明胶样黏液和两头尖的干粪。病兔四肢发冷，磨牙，流涎。

诊断

根据本病流行情况和临床症状，只能作出初步诊断，确诊需要进行进一步的病理解剖和细菌学检查。

防治

仔兔在断奶前后，饲料必须逐渐更换，不能骤然改变。常年坚持球虫病的防治和驱虫工作，有利于预防本病的发生和流行。

一旦发现病兔，应立即隔离治疗，同时对兔笼、用具进行清洗消毒，以防蔓延。常用链霉素肌注，每千克体重20~30毫克，每日2次，连续3~5天。对症治疗，用补液、收敛药物等防治脱水，减轻症状。

有疫情的兔场，对断奶前后的仔兔，可用上述药物口服预防。

梭菌性下痢（A 型魏氏梭菌病）

本病是由 A 型魏氏梭菌引起的一种急性高度致病性传染病。其主要特征是剧烈腹泻，粪便呈水样，大量脱水，迅速死亡。

症状

突然发病，死亡很快。主要表现是剧烈腹泻，在临死前粪便呈水样。水泻前，精神和食欲均无明显变化。水泻后，病兔精神不振，不食，大便水样失禁，后躯被粪便污染，有特殊的腥臭味，1~2 天内死亡。大部分病例属于最急性型，少数病例病程超过 1 周，这时病兔极度消瘦，严重脱水，精神不振，有的呈昏迷状态，有的抽搐，最后死亡。

防治

本病的发生与饲养方法有一定的关系。在兔肠道内存在一定数量的魏氏梭菌，属肠道正常菌系，一般不会致病。当饲喂含有高蛋白和过多谷物而粗纤维偏低的饲料时，容易发生此病。当兔群中发现此病时，病兔应及时隔离或淘汰，对笼具严密消毒，烧毁或深埋死兔和污染物。兔群定期注射 A 型魏氏梭菌灭活菌苗，每兔颈部皮下注射 1 毫升，注射后第 7 天开始产生免疫力，免疫期 4~6 个月，每年注射 2 次。仔兔断奶前 1 周应进行初次预防注射，可提高断奶仔兔成活率。

因为本病病程急，发病后药物治疗效果不佳。病初可用抗血清治疗，每千克体重 2~3 毫升皮下、肌肉或耳静脉注射，有一定效果。

仔兔黄尿病

本病是由于哺乳仔兔吃了患有乳房炎母兔的乳汁而引起，因这种乳汁内含有金黄色葡萄球菌及其毒素。一般全窝发生，仔兔肛门四周被毛和后肢被毛潮湿、腥臭，患兔昏睡，全身发软，病程 2~3 天，死亡率高。死亡兔肠黏膜（尤其小肠）充血、出血，肠腔充满黏液，膀胱极度扩张，并充满尿液。

防治

应将患乳房炎的母兔立即隔离治疗，将仔兔寄养或人工喂养。患病初用青霉素肌注，每兔 5000 单位，每日 2 次，连续数天；口服磺胺噻唑或长效磺胺也有一定效果，患病中后期无治疗效果。

乳房炎

这是哺乳母兔的常见病，哺乳母兔由于乳头受到污染或损伤，葡萄球菌侵入引起乳房发生炎症。

症状

患兔体温和乳房局部温度稍有升高，然后在乳房表面和深层形成脓肿。急性，乳房呈紫红色或蓝紫色；慢性，初期乳房和乳头硬实，然后逐渐扩大，形成脓肿，旧脓肿结痂愈合，新脓肿又形成。

防治　本病以预防为主，平时注意兔笼和器具的洁净卫生。清除笼具上铁钉、木刺等锋利物，防止刺伤乳房及附近皮肤。注意母兔饲养，防止产后母兔乳汁过多过浓，但也要防止乳汁过少，仔兔吸吮时咬破奶头。发生乳房炎应及时隔离治疗，停止哺乳，仔兔寄养或人工喂养。

病兔可注射青霉素治疗，每千克体重肌注 2 万单位，每日 2 次，连续 3~5 天，还可用 0.25% 普鲁卡因加青霉素溶液局部封闭治疗，脓肿已经形成，则需手术治疗。

兔梅毒病

本病是由密螺旋体引起的成年兔的一种慢性传染病。通过交配经生殖道传播，极少见于幼兔。由于该病只损害皮肤、黏膜，而不损害内脏器官，死亡率也不高，往往不被人们重视。但家兔一旦感染此病，配种不易受胎，还影响生长发育，使皮张品质大大降低。

症状

潜伏期2~10周，开始可见于公兔的龟头、包皮和阴囊皮肤上，母兔阴户边缘和肛门周围黏膜发红、肿胀，形成粟粒大小的结节，以后在肿胀和结节的表面有渗出物而变为湿润，形成红紫色、棕色屑状结痂。当痂皮剥落时，露出溃疡面，创面湿润，稍凹下，边缘不整齐，易出血，溃疡周围常有或轻或重的水肿浸润。此外，公兔阴囊水肿，皮肤呈糠麸样，龟头肿大。由于损害部位疼痛可造成自然接种，使感染延至其他部位，如鼻、眼睑、唇、爪等部位，被毛脱落，病愈后可很快长出。

本病可自行康复，但免疫力弱，可再度感染而发病。

防治

对新购进种兔先隔离饲养，经检查无病者方可合群。配种前应先检查公母兔外生殖器，发现病兔或可疑兔应停止配种，立即治疗或淘汰，彻底清除污物，用1%~2%烧碱水或2%~3%来苏儿溶液消毒笼具。

早期治疗可用新砷凡纳明（九一四），每千克体重40~60毫克，以灭菌蒸馏水配成5%溶液，耳静脉注射，必要时隔离2周重复注射1次，或用青霉素每天5万单位，分2~3次肌注，连续5天，效果也很好，如果用新砷凡纳明耳静脉注射结合青霉素肌注治疗，比用单一药物效果好。局部用碘甘油或用青霉素软膏涂擦。治疗期间公母兔应停止配种。

兔病毒性出血症（俗称兔瘟）

本病发病迅速，传播快，流行广，死亡率高达90%~100%。本病流行有一定的季节性，发病时间多为春秋两季。2 月下旬至 3 月下旬为暴发期，3 月下旬至 4 月中旬为高峰期，此后很少发生。秋季主要发生于 9~10 月间。

不同年龄、性别和品种均易感染，但主要是 3 月龄以上的青年兔和成年兔，并以体质肥壮的兔、良种兔发病多，特征为死亡率高。未断奶兔一般不引起发病死亡。

本病主要通过接触传染，如病兔与健康兔接触、抓兔、配种、吃了被污染的饲料和饮水等都可传播本病。

症状

根据临床症状，可分为最急性型、急性型和慢性型三种类型。

最急性型：患兔突然死亡，死前无明显的临床症状。在 1~2 天内体温升高至 41℃以上，体温升高后 6~8 小时死亡。有的病兔在临死前还吃食，然后转几圈，跳几下，叫几声，倒地抽搐、打滚，很快死亡。这种情况往往见于肥壮的成年兔，来势猛，死亡率高。

急性型：患兔食欲减退，精神不振，蜷缩一团，被毛光泽大减，体温升高至 41℃以上，有渴感，迅速消瘦，病程 1~2 天。死前短时间兴奋、挣扎，在笼内乱蹦乱跳，嘴咬笼架，然后前肢伏地，后肢支起，全身颤抖，侧卧，四肢不断作划水动作。有的兔头扭向一侧，最后在短时间内抽搐而死，或惨叫数声死亡。多数病例鼻部皮肤碰伤，还有的鼻孔流出泡沫状血液，死前肛门松弛，肛门周围被毛有少量淡黄色黏液沾污，粪球外附有黄色胶样分泌物。

慢性型：由急性转化而来，也有自然发生呈慢性经过。一般多发生于 3 月龄以内幼兔，潜伏期和病程均较长。体温升高到 41℃左右，精神不振，食欲减退，有时停食 1~2 天，渴欲增加，被毛粗乱而无光泽，消瘦，多数病兔可耐过而痊愈，但生长不良，有可能长期带毒。遇有这种情况应及早淘汰。

病理变化　病变主要表现在肺、肝、肾、心等处，呈现小点出血，其中以肺最为严重。典型病例，全肺出血，出血点从针尖大、绿豆大到全肺弥漫性出血不等。气管黏膜严重淤血、出血，部分气管内有泡沫样血液；心肌有的有针尖大小出血点；胸腺有胶样水肿，少数有针尖大至粟粒大出血点；脾肿大，呈蓝紫色；少数病程较长者，胃、肠浆膜下有针尖大到粟粒大出血点；肠系膜淋巴结有胶样水肿，切面有点状出血；妊娠母兔子宫黏膜出血和有数量不等的出血点，胎儿死亡。

诊断

根据本病流行特点、临床症状以及病理剖检，可以作出初步诊断。确诊必须通过病原分离、血凝试验和血凝抑制试验。

防治

注射兔瘟灭活苗可以有效地预防本病的发生。不论大小兔，每兔皮下注射 1 毫升，5~7 天后产生免疫力，免疫期 6 个月，每年注射 2 次即可达到预防效果。

发病后还未出现高温症状时可紧急注射疫苗，或用抗兔瘟高免血清治疗，用量为 4 毫升 1 次皮下注射，也可作少量皮下注射后，静脉配合葡萄糖盐水缓慢注入效果更佳。

为防止本病扩散，病死兔要深埋或烧毁，笼具彻底消毒，严禁从疫区购进种兔，本病流行期间严禁人员来往。

寄生虫病

家兔寄生虫病很多，这里主要介绍两种常见的危害较大的寄生虫病。

球虫病

本病是对3月龄以内幼兔危害较大的一种疾病，常引起大批死亡，死亡率高达80%~100%。多发生于温暖多雨季节，常呈地方性流行，各种品种和不同年龄的兔都易感染，但尤以断奶后至3月龄幼兔最易感染，死亡率最高。

临床症状

根据临床特点和寄生部位不同，可分为肠型、肝型和混合型三种。潜伏期2~3天或更长。

肠型：多为急性，有的不表现任何症状很快死亡。大多侵害20~60日龄仔兔，发病时突然倒下，后肢及颈背伸肌强直痉挛，头向后仰，发出尖叫，迅速死亡。如果不死转为亚急性和慢性。主要表现为食欲缺乏，腹部膨胀、气臌，下痢，粪便沾污肛门，恶臭。

肝型：多发生于30~90日龄幼兔，肝脏肿大，肝区有疼痛感，腹水，被毛失去光泽，眼球发紫，眼结膜苍白，有少数黄疸症状。病兔一旦出现症状，特别是下痢后很快消瘦死亡。

混合型：具有以上两型症状，病兔消瘦、下痢或便秘交替发生，小便色黄而混浊，多数预后不良。

剖检

肠黏膜和肝表面有浅黄色和灰白色球虫结节，剪取结节以玻片压碎镜检发现卵荚即可确诊。

防治

“防重于治”对球虫病来说显得更为重要，预防球虫病可从以下几方面着手：（1）兔场及兔舍要保持清洁干燥；（2）留作种用的兔经检查必须是无球虫病者；（3）新引进种兔，应先隔离饲养，经检查确实无球虫病者，方可合群；（4）建立卫生消毒制度，定期对笼具消毒，病死兔应深埋或烧毁，饲料和饮水应是未被污染的；（5）大小兔分笼饲养，因小兔很容易感染；（6）合理安排母兔的繁殖季节，尽量使幼兔断奶时避开梅雨季节；（7）注意饲料的全价性，增强抵抗力；（8）药物预防，按每千克饲料中掺入氯苯胍150毫克比例口服，连续喂服45天可以预防球虫病的发生，平时还可喂些韭菜、大蒜、球葱等，亦可起到预防作用。

治疗：

（1）氯苯胍，按每千克饲料中掺入300毫克喂服，连喂7天；（2）敌菌净，每千克体重30毫克；（3）兔球灵，按每千克饲料中掺入360毫克，让兔自由采食，连喂2~3周。

疥癣病

本病是疥螨和痒螨寄生皮肤而引起的一种皮肤病。本病传染性很强，如不及时隔离治疗，病兔会慢慢消瘦、虚弱而死。即使不死，对毛皮质量也有很大影响。根据发病部位不同，分为身癣和耳癣两种。

身癣：又称疥螨病。多发生于头部，从后颈或鼻端开始，渐渐蔓延至全身。患部皮肤充血，稍肿胀，并逐渐变肥厚，局部脱毛。病兔瘙痒不安，常以脚爪或嘴巴搔咬止痒，或在笼框边用力摩擦而损伤发生炎症，逐渐形成较厚呈麸皮样痂皮，唇部及脚爪亦形成很厚的痂皮。随着患部扩大，奇痒难忍，使食欲减退，消瘦，虚弱，严重时还会引起死亡。

耳癣：又称痒螨病。一般从耳根部开始发病，然后蔓延到整个耳朵，逐渐形成厚而硬的痂皮，严重时整个耳孔被痂皮塞满，患兔烦躁不安，时常搔抓耳部，影响采食，逐渐消瘦，严重时引起死亡。

诊断

根据临床症状即可作出诊断。确诊需进一步找到病原，刮取病料，用放大镜或显微镜观察有无虫体。

防治

本病较难根治。首先要控制传染源，引进兔子要仔细检查，发现可疑者或病兔应立即隔离、治疗，兔笼以2%敌百虫溶液洗刷，笼舍保持清洁卫生，定期消毒。

治疗：①用1%~2%敌百虫溶液擦洗或浸泡患部，每天1次，连用2天，隔7~10天再用1次，同时用2%敌百虫溶液消毒兔笼，如患部过大时，应分批分部位进行，以免中毒。②每千克体重依佛菌素0.2毫克，一次皮下注射，效果较好。

治疗兔螨病的方法很多，不管用什么方法，必须持之以恒，同时采取综合措施才能收效。

家兔皮肤病和脱毛鉴别诊断要点见表6-6。

腹泻病

兔腹泻病是家兔重要疾病之一，发病率高，危害大。引起腹泻病的原因很多，主要有细菌、病毒、寄生虫、中毒和饲养不当等。

其临床表现主要为：

膨胀型：多见于采食过量的青绿多汁饲料，特别是豆科饲料，导致异常发酵，破坏了胃肠道细菌的正常区系。

急性痢疾：伴有黏液性肠炎症状的过度腹泻，粪便。

肠卡他：亦称黏液性肠炎，可涉及大肠和小肠。有腐臭味，兔体严重脱水，从肠道中可分离出魏氏梭菌。

便秘：大肠秘结，具有黏液性肠炎症状特征。大便阻塞多见于盲肠，便秘的结果使肠黏膜对水分吸收失调，导致水泻。

腹泻病主要有：大肠杆菌病（黏液性肠炎）、沙门杆菌病、球虫病、泰泽氏病等，具体鉴别诊断方法见表6-7。

表6-6　家兔皮肤病和脱毛鉴别要点

疾病名称	病原或病因	流行特点	临床表现
螨病（疥螨）	疥螨	秋冬季节，潮湿密集饲养，高发	多寄生于头部、掌部短毛处，继而蔓延至全身；脱毛，奇痒，皮肤炎症、龟裂；从深部皮肤刮屑可检到病原
螨病（痒螨）	痒螨	秋冬季节，潮湿密集饲养，高发	主要侵害耳部，从耳根部蔓延到耳道，发痒、发炎、化脓，甚至有神经症状；表皮屑中可发现病原
皮肤真菌病	须发真菌等	饲养管理差时散发，幼兔多发	灰白色“钱癣”，四周边缘有粟粒状突起；脱毛或不规则断毛；主要发病部位在头部及其附近；毛干上可找到真菌和孢子
营养性脱毛	毛囊、毛孔营养吸收受阻；日粮中蛋白质、钙和维生素B缺乏	散发，夏季多发，成年、老年兔多发	皮肤无异常，断毛较整齐，根部有毛茬，一般在1厘米以下，断毛形成剪毛痕迹；多发于大腿、肩胛两侧及头部
换毛、拉毛	生理现象	季节性（春、秋），年龄性换毛；母兔临产前	部分脱毛或全身脱毛，皮肤光洁；母兔产前拉毛营巢，出现乳房周围无毛区
遗传性无毛	遗传因素		部分或全身脱毛，无炎症

表6-7 家兔腹泻病的鉴别诊断

病 名	大肠杆菌病	沙门杆菌病	魏氏梭菌病	泰泽病	球虫病	非病原微生物引起的腹泻病
病原（或病因）	埃氏大肠杆菌	鼠伤寒或肠炎沙门杆菌	A型魏氏梭菌	毛样芽孢杆菌	艾美尔球虫	饲养管理不当等
流行病学	一年四季发生，大小兔均易感；断奶后幼兔发病较多	断奶前后发病较多，死亡快	一年四季发生，大小兔均易感，青年兔发病多	发于6～12周龄幼兔	断奶前后幼兔易感，高温高湿季节好发	大小兔均可发生
主要症状	体温正常，糊状稀粪或带有透明胶冻样黏液粪便	体温高，乳白或淡黄色稀粪，母兔阴道子宫有脓样排泄物	急性下痢、水泻，有特殊臭味，无体温；死亡率高	急性水泻，粪便呈褐色糊状或水样，死前止，无体温	无体温，先便秘后拉稀；先糊状后水样	无体温，水样下痢
主要病变	胃积水，空肠和直肠内充满半透明胶冻样物	胸腹腔积液，肠黏膜有黄色小结节，化脓性子宫炎，孕兔胎儿发育不良或木乃伊	胃溃疡、胃黏膜脱落，肠臌气、积水，大肠浆膜出血	心、肝脏有针尖状或块状坏死灶，脾脏萎缩	被毛粗乱，消瘦，黏膜苍白，肝有黄色小结节，肠黏膜有坚硬白点和化脓性坏死灶	
治 疗	抗生素治疗有明显效果	抗生素治疗有一定疗效	单用抗生素不见效，与高免血清同时用效果明显	至今无有效药物	用抗球虫药治疗有效	改善饲养管理，必要时配合使用收敛剂，收效显著

普通病

中暑

本病是家兔常见病之一，尤其是长毛兔，在炎热的夏季，防暑降温工作不周，常会引起中暑。

病因

兔舍潮湿不通风，天气闷热，笼小过于拥挤，产热多，散热不易，最易引起发病。暑天长途运输兔只，阳光直射，笼小拥挤也常引起中暑。

症状

本病主要是体内热量散发不出来，身体过热引起脑部充血，使呼吸系统机能发生障碍。妊娠后期的母兔对此病特别敏感。

发病后，口腔、鼻腔和眼结膜充血、潮红，体温升高，心跳加快，呼吸急促，停止采食。严重时，呼吸困难，黏膜发绀，从口鼻中流出血色液体。病兔常伸腿伏卧，尽量散热，四肢呈间歇性震颤或抽搐直到死亡为止。有的发病比较急，突然虚脱，昏倒，发生全身性痉挛，随后尖叫几声，迅速死亡。

防治

在夏季炎热的地区，当高温天气到来之前，应采取必要的防暑降温措施，以防中暑。

对已发生中暑的家兔，应及早抢救，急救办法很多，但原则上是迅速降温，使兔体散热，兴奋呼吸中枢和运动中枢。

（1）立即将病兔置于通风阴凉处，头部敷冷水浸湿的纱布或冰袋，同时灌服冷生理盐水。

（2）从耳静脉适量放血，减轻脑部和肺部充血现象，同时从耳静脉补进适量的葡萄糖生理盐水。

（3）内服十滴水 2~3 滴，加适量温水灌服；或者口服人丹 2~3 粒。

（4）静脉注射樟脑磺酸钠注射液或樟脑水注射液。其作用主要是反射性地兴奋呼吸中枢和血管运动中枢。

毛球病

病因

①脱落的兔毛混入饲料中被进食。②饲料中缺乏钙、磷等矿物质元素以及维生素等，引起兔子相互咬毛皮。③兔笼狭小、拥挤，引起食毛癖。

症状

消化不良，食欲不振，好伏卧，喝水多，大便秘结，粪便有毛。当毛球过大阻塞肠管时，引起剧烈疼痛。由于饲料发酵，引起胃鼓胀。胃部可摸到毛球，如不能及时排出毛球，会引起病兔死亡。

防治

平时加强饲养管理，及时清除脱落兔毛，饲料中满足供应矿物质和维生素，群养兔避免拥挤。如兔胃内已形成毛球，一次口服植物油 20~30 毫升，或以温肥皂水深部灌肠，当毛球排出后，应喂给易消化的饲料或健胃药物。如毛球过大过硬，用手术从胃内取出毛球。

有机磷农药中毒

有机磷农药是我国目前使用最广泛的一种杀虫剂。包括敌敌畏、敌百虫、乐果、1605、1059 等。家兔误食了喷过有机磷农药的蔬菜、禾苗或青草等以及治疗内外寄生虫用药过量，都可引起中毒。

症状

中毒兔精神沉郁，不吃，流涎，流泪，口吐白沫，瞳孔缩小，心搏增快，呼吸急促，尿频，腹泻，排出黄色黏液性粪便，体温不高，肌肉抽搐，间或兴奋不安，发生痉挛，最后多因精神麻痹、窒息而死。

剖检

气管和支气管内积有黏液，肺充血、水肿，心肌淤血，肝脏、脾脏肿大，黏膜充血、出血，胃内容物有大蒜味。

防治

对青饲料来源严格控制，刚打过农药的饲料切勿用来喂兔，用敌百虫治疗内外寄生虫应准确计算剂量。对已发生中毒的兔应立即抢救。不论是哪一种有机磷农药，其毒理机制都一样，即与血液中胆碱酯结合，形成不易水解的磷酰化胆碱酯酶，降低了酶的活性，从而降低或丧失了分解乙酰胆碱的能力。由于乙酰胆碱大量积聚，产生了上述中毒症状。其解救方法为：

（1）使用解磷定等恢复胆碱酯酶活性。成年兔用解磷定 0.5 克，维生素 C_2 毫升，加 5%葡萄糖生理盐水 40 毫升，静注。

（2）使用阿托品解除乙酰胆碱积聚引起的临床症状。阿托品 0.5~1.0 毫升，一次肌注或皮下注射，隔 1~2 小时再重复 1 次。症状缓解后，剂量减半，再用 1~2 次。